KAY'S INCREDIBLE INVENTIONS

凯的疯狂发明

一本令人捧腹、引人入胜的
发明指南，带你认识
改变世界的伟大发明，

以及一些搞笑的发明。

〔英〕亚当·凯◎著　〔英〕亨利·帕克◎绘　张玉亮◎译

北京科学技术出版社
100层童书馆

著作权合同登记号　图字：01-2025-1352

图书在版编目（CIP）数据

凯的疯狂发明 /（英）亚当·凯著；（英）亨利·帕克绘；张玉亮译 . -- 北京：北京科学技术出版社，2025（2025 重印）. -- ISBN 978-7-5714-4607-9

Ⅰ. N19-49

中国国家版本馆 CIP 数据核字第 2025X18M78 号

策划编辑：石　婧	电　　话：0086-10-66135495（总编室）		
责任编辑：张航远	0086-10-66113227（发行部）		
责任校对：贾　荣	网　　址：www.bkydw.cn		
图文制作：沈学成　杨严严	印　　刷：北京中科印刷有限公司		
责任印制：吕　越	开　　本：710 mm × 1000 mm　1/16		
出 版 人：曾庆宇	字　　数：280 千字		
出版发行：北京科学技术出版社	印　　张：27.5		
社　　址：北京西直门南大街 16 号	版　　次：2025 年 6 月第 1 版		
邮政编码：100035	印　　次：2025 年 12 月第 4 次印刷		
ISBN 978-7-5714-4607-9			
定　　价：89.00 元			

谨以此书献给我的智能机器人管家BUTLERTRON-6000，
感谢它在本书的创作过程中进行事实查证。

同时，也将此书献给我自己——亚当·凯，
史上最伟大的发明家。

⚡ 事实查证：这完全失实。⚡

目　录

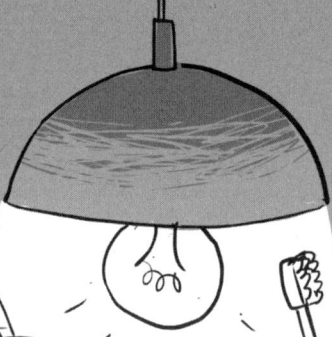

引　言

或许，你现在正在卧室里看这本书，你的四周都有些什么？——你可能躺在软床上，身上盖着羽绒被，头顶有灯，身旁有闹钟。**事实查证：从统计学上看，读者大概率会在上厕所的时候读这本书。**或许，你和我一样，正待在有一台电视和一张沙发的客厅里，与一只正往壁炉里呕吐的狗狗在一起。皮皮，别再吐了！

你有没有想过，你身边的这些玩意儿都是怎么来的？不不不，我指的不是从什么平台买的。我的意思是，你知道是谁第一个想到发明手机这种神奇东西的吗？是谁想出建造学校这种"招人恨"的点子的吗？咱们身边所有不会在天上眨眼睛、不会生长、不会汪汪叫、不会放屁的东西，都是由一些天才发明出来的。比如，那位不小心发明了微波炉的科学家，那名发明了蹦床的少年，以及那位科幻电影的天才编剧，等等。

在这本书里，我们会认识第一位在马桶上拉臭臭的女王，了解用胡须做灯丝的灯泡是什么样子的，以及人造黄油为什么会引来蛆虫。你还会了解到古希腊人用餐盘擦屁股，真空吸尘器差点儿被叫作"斯潘格勒"，第一艘潜艇居然是用皮革和油脂糊弄出来的！你敢信吗？狗毛竟然为魔术贴的发明提供了关键启示！更让人大跌眼镜的是，有一个国家曾经为了造飞艇禁止全国人民吃香肠！还有，你绝对想不到 Wi-Fi 居然是电影明星发明的（别瞎猜了，不是赞达亚[1]）。

当然，我还会向你介绍有史以来最重要的发明家——没错，正是本人。除了发明了世界上第一个机器人管家 BUTLERTRON-6000，本人还是香菜蛋奶糊和终极水下钢琴等 8000 多项旷世发明的幕后发明者。所有这些发明，你

---

1 赞达亚·科尔曼，美国知名女演员。

都可以直接从我的公司亚当·凯天材发明有限公司订购。

⚡ **事实查证：这本书中，所有公司名称里的"天材"的"材"都写错了，应该是"才"。** ⚡

如果这些发明让你有点儿激动，那就赶紧往后翻吧！要是觉得没劲，那就把这本书扔在一边儿，去看点儿别的老掉牙的书吧，比如杰拉尔德·胡不靠谱写的《我最爱的一百种白色油漆》。 ⚡ 事实查证：《我最爱的一百种白色油漆》要比你正在看的这本书畅销得多。⚡

从某种意义上说，这一百种油漆都是我的最爱，不接受任何反驳。

第一部分

居家生活

灯泡、千层面和厕纸

卫 生 间

咱们先从家里唯一一个用来拉屁屁的地方——客厅说起。◣ **事实查证：应该是卫生间。** ◢

各位从 100 年前穿越来的读者请注意：卫生间（通常和浴室、盥洗室一起）是现在的房子里专门用来拉屁屁、刷牙和洗澡的地方。

各位没有穿越的读者请注意：我刚才解释了一下什么是卫生间，是因为这个东西发明得比较晚。在这一章里，我想告诉大家是谁让我们不用再在花园里小便了。不过，如果你偏偏喜欢在花园里小便的话，也可以怪罪这个发明了卫生间的人。

另外，各位从未来穿越过来的读者请注意：你们能告诉我，我家狗狗皮皮什么时候能不再在洗碗机里拉屁屁吗？扎尔格星球的章鱼人在 2185 年占领地球后会善待人类吗？哦，对了，请问下周彩票的中奖号码是多少？

中奖号码是 2, 15……嗯……忘了！
我真该写下来。太抱歉啦！

奇奇怪怪，
粪便真怪

　　自从有了屁股，就有了厕所，所以厕所不是什么新鲜事物。粪便和尿液的味道都不怎么好闻，除非你是皮皮——屁屁对狗而言，简直就是"狗间美味"，对人来说就不是了，所以人们想方设法地让它们离自己家远点儿。在 2000 年前的古罗马，人们会去公共厕所方便——离家越远越好。读到这里，你可能觉得这还算正常，但要是你知道他们二十来个人坐在一条挖了洞的长凳上，一边聊着去哪儿度假、在哪儿买长袍，一边把屁屁拉到长凳下面的坑里，你就会觉得这个画面简直"辣眼睛"！

　　直到 600 年前，欧洲人还经常往窗外倒排泄物——要么直接倒，要么先装进马桶再倒。如果你住在城堡里，屁屁会啪嗒一声掉进护城河里（那里的鱼肯定对此很嫌弃）。如果你住在高楼里，那屁屁就只能"空降"到大街上喽。幸好那时候伞已经问世了，不然路人可就遭殃了。（我的律师奈杰尔提醒我，现在从窗户往外倒屁屁不仅很恶心，而且违法。）

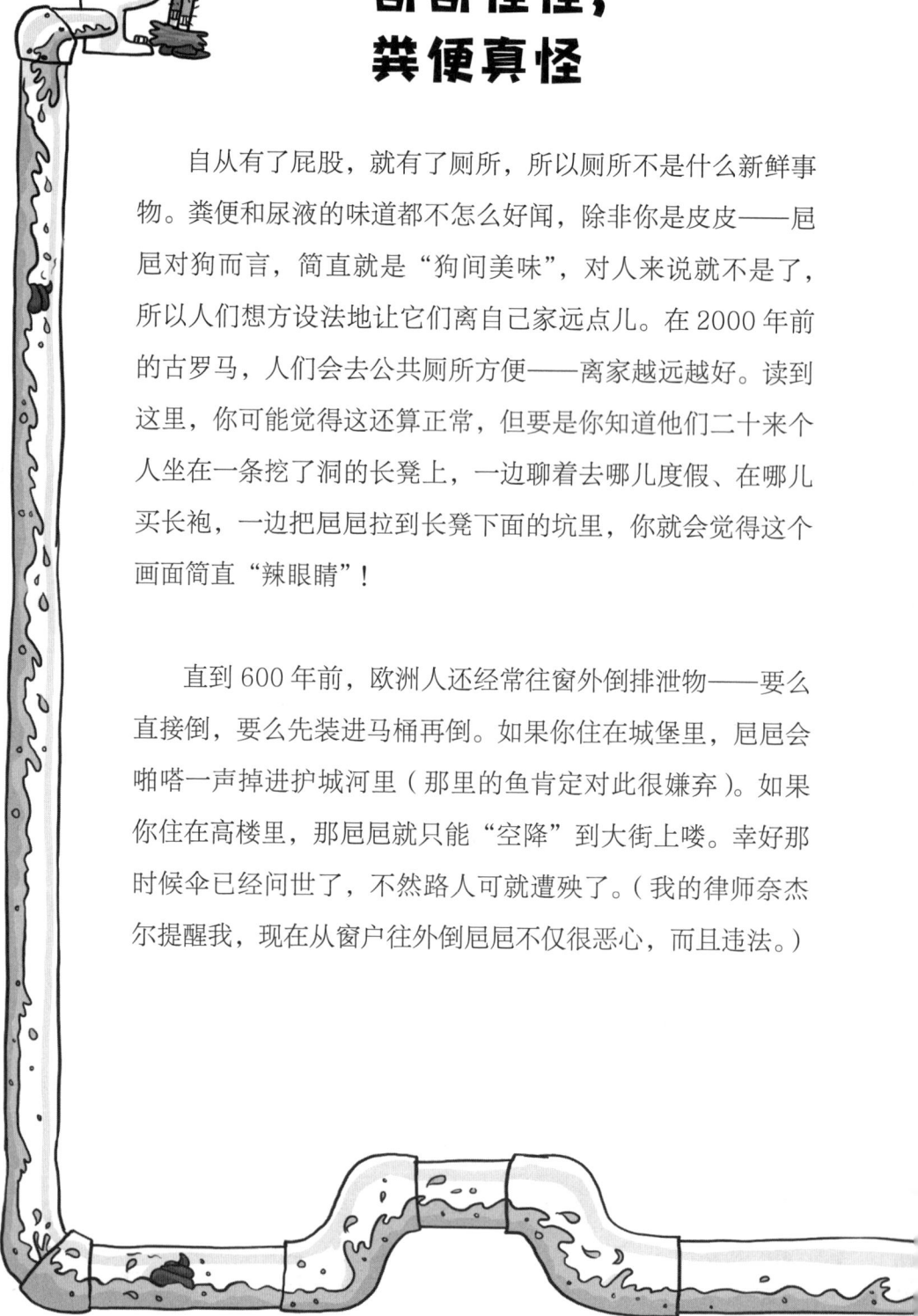

"御用"马桶

给国王陛下送什么礼物好呢？这真是个世纪难题！是送一条给王室的柯基犬戴的钻石项链，还是送一只巨型橡皮鸭放在护城河里？400多年前，约翰·哈灵顿就遇到了这个难题——更要命的是，当时的英国女王伊丽莎白一世还是他的教母，他可不想在这方面犯错。毕竟，女王陛下喜欢砍人脑袋，这是众所周知的。

约翰灵机一动，想出了一个绝妙的主意。他刚刚发明了世界上最早的抽水马桶，并给它取名"阿贾克斯"。他觉得女王陛下一定会喜欢这个超大号礼物，就在里士满的王宫里装了一个。伊丽莎白一世果然特别喜欢这个神奇的新玩意儿，还坐在上面拉了平生最满意的屁屁。**事实查证：没有证据表明伊丽莎白一世拉过"最满意的"屁屁。**

全球发明
名称评分：
8分
（满分10分）
极具前瞻性。

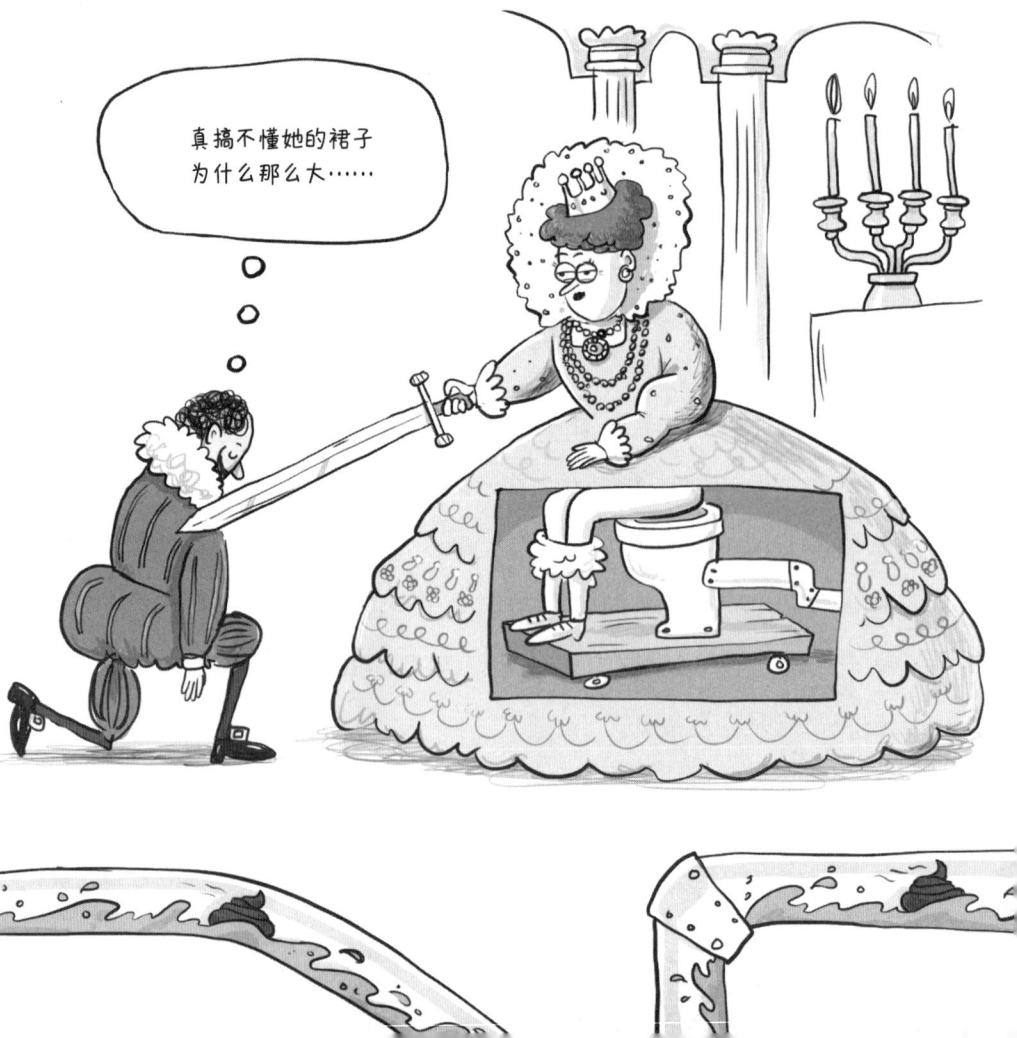

真搞不懂她的裙子
为什么那么大……

马桶升级记

女王的"御用"马桶没有流行起来，因为当时还没有自来水。女王每次用完马桶后，一群仆人就得去井里打满三大桶水，再抬上楼倒进马桶里冲洗。你家有一群仆人吗？反正我家没有。我家只有一个机器人管家，它还从来不听我的指令。 ⚡ **事实查证：纠正一下，在过去 10 年里，我差不多有 4 次听了你的指令。** ⚡

随着人口的增长，解决排便带来的问题变得刻不容缓。如果人们把屁屁直接排进河里，就会污染饮用水的水源，然后人们就会病倒。所以，当务之急是通过修建下水道，也就是巨大的地下管道，把排进马桶里的东西"哗——"地冲走。接着，各种各样应用了新技术的马桶像腹泻时喷射的屁屁似的涌现。其中最大的改进得归功于那个名字一点儿也不搞笑的人——托马斯·克拉珀[1]。为了简便，我们就叫他"马桶先生"吧。

---

1 姓氏"Crapper"在英语中有"厕所"之意。

1880 年，家家户户的厕所都臭气熏天。当然了，现在的厕所也不像刚出炉的面包那么香，但那时候的厕所可比现在的臭 1000 倍不止。下水道的臭气会直接从马桶里冒出来，搞得卫生间里的空气就像哥斯拉刚吃完一锅辣椒之后喷出来的气似的。马桶先生想出了解决办法，他发明了一种 U 形弯管。看看你家马桶后面或者洗手池下面的排水管，你就会发现这个发明我们现在还在用。如果马桶后面的管道是 U 形的，臭烘烘的味儿就会被 U 形部位的积水挡住，也就不会把人熏晕了。看看马桶里面——我是说冲水箱里面，不是马桶坑——你会看到一根棍子，上面有个浮球。这玩意儿叫浮球阀，也是马桶先生的发明，可以防止冲水时水流过急造成"水漫金山"。（我的律师奈杰尔让我提醒你，如果你想知道马桶里面是什么样子，一定要找大人帮忙。他可不希望大家因为看了这本书而弄坏成千上万个马桶，让我们惹上官司。）

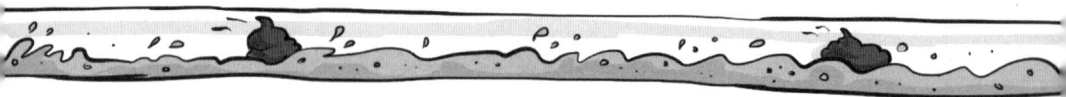

现在，有请我的机器人管家启动测谎仪，看看你能不能猜对下面哪句描述马桶先生的话禁不住测。

机器人管家的

测谎仪

1. 世界上第一家卖马桶的商店是马桶先生开的。

2. 很不幸，他在马桶里淹死了。

3. 数百名英国王室成员都用过他设计的马桶。

4. 在参观伦敦威斯敏斯特教堂时，你低下头就能看到很多写着马桶先生名字的井盖，那是他当年修下水道时留下的。

5. 马桶先生设计的马桶至今仍在生产。

正确答案：2。人类可没淹死在马桶里。

回到未来，
开启如厕新纪元

如果你愿意在马桶上花费比我买车还要多的钱，那么现在你可以买到带有以下功能的马桶：

可调节高度

带有蓝牙音箱（我个人觉得应该叫

"便"牙音箱）

座圈可加热

可冲洗屁屁

灯光可变色

可烘干屁屁

可穿越时空

⚡ **事实查证：目前还没有能穿越时空的马桶。** ⚡

蒂娜和她超棒的时空穿越马桶！

停！你的手会沾到屁屁的！

可能是我太抠门了，如果我花几万块钱买了个东西，我肯定不舍得在上面拉屁屁！

如厕也要"卷"起来

卫生纸是一位名叫魏笙芷的女士发明的，她……⚡事实查证：我的质量监控模块建议你重写这一段。⚡

好吧，好吧。卫生纸在欧美大多数国家只有100多年的历史。当然，不用我说你也应该知道，人类上厕所的历史比卫生纸的历史要长得多。那在此之前，大家伙儿都用啥擦屁股呢？不同地方的情况可能不一样。比如，古罗马人坐在公厕的长凳上聊完天后，会抓起一根带海绵的棍子擦屁股，然后下一个人接着用这根棍子，棍子上的海绵也是同一块，后面的人再接着用……读到这里，估计你会长出一口气，庆幸自己没出生在古罗马。

饶命啊，拿开你的臭棍子！

在古希腊，如果你特别讨厌某个人，就可以把他的名字写在餐盘上，然后每次上完厕所都用它擦屁股。后来，用餐盘擦屁股不再流行了，人们就开始用各种能找到的东西擦屁股，比如树叶、草、动物皮，甚至玉米棒子。呃，听起来好像都让人不太舒服。

你还是等我死了再下手吧。

大约 700 年前，中国人就已经用厕纸擦屁股了，但欧洲人和美洲人很久之后才开始用厕纸擦屁股。当时，中国人用的厕纸有点儿像现在的打印纸。但愿每一个用这种纸擦的屁股都毫发未伤。第一卷真正的卷纸问世于 1857 年的美国。我敢打赌，在卷纸问世后不到两天，人们就开始争论卫生纸是该叠起来擦，还是揉成团擦了。我站揉成团这队！ 20 世纪中期，彩色卫生纸问世，这样卫生纸就能跟你家浴室的地砖、袜子或其他五彩斑斓的东西的色调搭配起来了。但不知道为啥，棕色的卫生纸在当时卖得不太好。

洗澡那些事儿

　　150 年前，人们家里普遍没有浴室。那时候，洗澡只有三种选择：第一种是去公共澡堂，那里就像个大游泳池，大家都在里面赤条条地拿着肥皂和海绵搓来搓去。第二种是在花园里放个金属浴缸，要洗澡时就把浴缸搬到屋里，放在火炉旁，灌满热水。当时大家一般每周洗一次澡，因为浴缸里只能躺一个人，所以全家人只能轮流洗，一般按年龄从大到小的顺序洗。你应该祈祷爷爷不喜欢在浴缸里搓泥，不然等到年龄最小的那个人洗的时候，水都变成黑乎乎的"泥汤"了，站在里面连自己的脚指头都看不见。第三种是干脆不洗，管他臭不臭呢，皮皮最喜欢这种。**事实查证：你也是。**

后来，当人们开始通过管道直接把水送（不是请快递公司送）到家里时，他们用上了带水龙头的浴缸。这类浴缸有的固定在地上，有的可以移动。后者可能带有爪子一样的支脚，这使它们看起来就像一头被巫婆诅咒后变成浴缸的狮子。我家以前就有一个这样的浴缸，皮皮总以为它是真狮子，经常对着它狂叫不止，最后我们只好换了一个固定式浴缸。说实话，我觉得皮皮的智商堪忧啊。

淋浴闪亮登场

　　威廉·菲瑟姆因为长着两只火腿做的脚而闻名天下[1]。

➤ 事实查证：威廉·菲瑟姆因为发明淋浴器而闻名。⚡

第一款淋浴器看起来像一个大木柜，你洗澡时得站在里面。你不用费劲地拧水龙头和调节阀门，只要拉一下链条，头顶的活板门就会打开，一大桶水直接哗啦一声浇在你的头上。下图左边是它的工作原理图；如果你更想看圣诞老人喝罐装饮料，那就看右边吧。

---

1 姓氏"Feetham"可以视为由feet（脚）和ham（火腿）组成。

因为洗澡不可能只冲一遍，所以你得转动一个大手柄，把刚才冲下来的水重新抽到头顶，然后再冲一遍。这就意味着，每次冲下来的水都比上次更冷、更脏，这可不太妙。而且，你也不能在淋浴时小便，不然一会儿冲在你头上的就是混着尿的水。我得声明一下，我从不在淋浴时小便。➤ **事实查证：你明明每次都……**➤ 哎呀，突然写不下去了。

浴室柜探秘

让我们来瞧瞧浴室柜里藏着哪些瓶瓶罐罐，以及奇奇怪怪的小玩意儿吧！

牙刷

人类在几千年前就知道，牙如果不刷，时间长了就会像粉笔一样碎掉。我是说牙齿会碎掉，不是整个人。就连在金字塔里，考古学家都发现了法老用来刷牙的树枝（当然啦，

电动
挖鼻神器

史上味道
最差的奶酪！

海绵

牙线侠
用不完的牙线

棉签兄弟

也可能是从树上掉下来的树枝）。第一支和今天的牙刷长得差不多的牙刷是一个名叫威廉·阿迪斯的英国小伙子发明的。他在 1770 年因为反抗政府被关进监狱。有一天晚上，他把吃剩的骨头偷偷带回牢房，然后把一堆猪鬃毛插进骨头的一

征服世界的重任就交给我啦，从一颗一颗的牙齿开始！哈哈哈哈！

电动牙刷

手动牙刷

全方位牙刷
5000系列
人工智能款

端，并用这东西来刷牙。等等，监狱里怎么会有猪呢？我也
不知道啊！

它的尾巴简直是
完美的牙线！

早知道当初就不
去抢银行了。

威廉出狱后开了一家牙刷厂——智慧牙刷厂，200 多年
后的今天，这家公司每年仍在生产数以百万计的牙刷。有一
点我很确定，他们现在已经不用骨头和猪鬃毛做牙刷了。

⚡ **事实查证：这次你总算说对了，真是头一遭。** ⚡

第一支电动牙刷是大约 70 年前（也就是 1954 年）由一位名字超棒的科学家发明的，他就是菲利普·盖伊·沃格博士。他给自己的发明起名"布洛克森登特"（Broxodent），这个名字可能是法语"刷牙"（brosser les dents）的变形。要不，我以后也用这个词指代牙刷吧。

> **全球发明名称评分：**
> **9分**
> （满分10分）
> 新颖性十足！

牙膏

如果你抱怨过用牙刷和牙膏清洁牙齿很麻烦，那就想想古埃及人是怎么做的吧。当时，人们得用尿液和磨碎的骨头、蛋壳、动物蹄子、香料的混合物来清洁牙齿。即便在 200 年前，情况也没好到哪儿去——那时的人会在清洁工具上涂抹肥皂和碎吐司的混合物来刷牙。现代牙膏在 19 世纪 70 年代问世，这要感谢一位名叫华盛顿·谢菲尔德的牙医。他发明的牙膏与现在的基本一样，是装在管子里的白色薄荷味软膏，效果比之前刷牙用的东西好很多，大家很快就接受了这一发明。

除臭剂

是时候变得臭烘烘了……哦不，是时候聊聊体臭了。从前人们住在洞穴里的时候，没人在乎自己的腋窝是不是有点儿臭，他们担心的主要是自己会不会被那些长着爪子和尖牙的可怕生物吃掉。事实上，有点儿臭味可能还有好处——哪种动物面对一个闻起来像在闷热的车里放了 10 年的牛奶的人会有食欲呢？

古埃及人最先使用除臭剂：他们在腋窝涂抹粥。也许是因为他们觉得粥的味道比汗臭味好闻。

大约 100 年前，埃德娜·墨菲女士发明了一种真正有效的除臭剂。她的爸爸是一位医生，最初，他想发明一种有止汗功能的东西——防止外科医生因手心出汗而一不小心把手术刀掉进病人的胸腔里。我向所有读过这本书的病人保证，我以前当医生时从来没有失手把手术刀掉到病人的胸腔里。

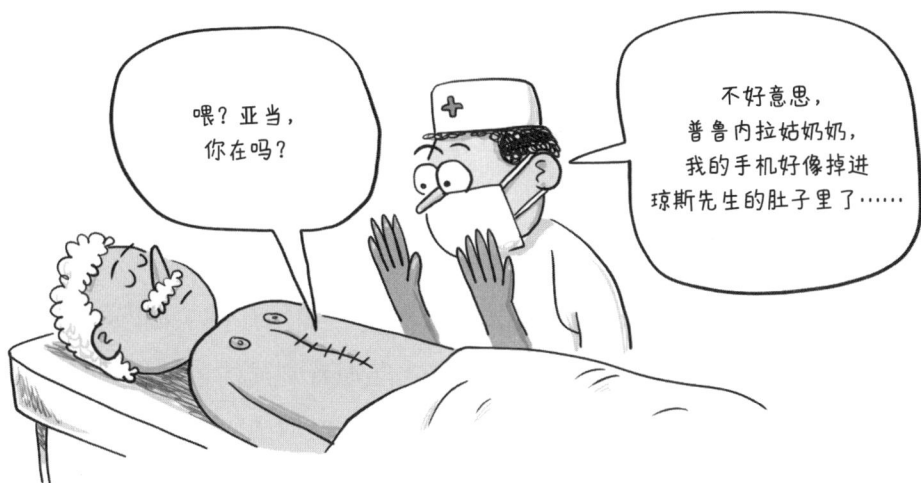

埃德娜和她的爸爸研制出了一种叫作"奥多洛诺"的液体，除臭效果不错。于是，她向身边所有有腋窝的人推销这款除臭剂。不过，这种除臭剂也不是十全十美的，它的酸性太强，会腐蚀衣服（包括一位女士的婚纱——哎呀，简直太惨了！）。它的出现开启了一个如今价值超过 100 亿英镑的产业，也意味着人们再也不会因臭味而在拥挤的公交车上晕倒了。

想了解一下肥皂吗？还是说"不皂"（不知道）也罢？

⚡ **事实查证：我的笑话评估模块显示，这个笑话的幽默程度只有 3 分，满分是 100 分。** ⚡

　　人类制造肥皂的历史大约有 5000 年了。直到现在，我的姑奶奶普鲁内拉的浴室里还有一些年代非常久远的肥皂。早期的肥皂是用动物脂肪和柴火灰混合制成的，听起来好像只会让你越洗越脏，或许肥皂的"肥"字就来源于其中的动物脂肪吧。如果用显微镜观察肥皂分子，你会发现它看起来有点儿像蝌蚪——由一个亲水的"脑袋"和一个亲油的"尾巴"构成。细菌和污垢会与皮肤上的天然油脂混合在一起，当你涂上肥皂时，亲油的那一端就会和它们结合；当你放水冲洗时，亲水的那一端就会与水结合，把细菌、油脂和污垢一起带进水中冲走。这里有一张示意图（左边）；如果你更想看雪人吃意大利面，那就看右边吧。

水

肥皂分子

污垢

肥皂分子

迷路的蝌蚪

面霜

　　在古罗马，如果你想护肤，那选择可就多了去了，比如往脸上抹鹅油、鳄鱼的粪便、角斗士的汗水、尿液或者铅粉。说实话，我可能只会用清水洗洗脸。400多年前，情况稍微好了一点儿，那时的面霜是用柠檬汁、蛋清和大黄[1]做的——不过，这听起来更像是点心的配方。我们今天所熟知的面霜的发明，要归功于赫莲娜·鲁宾斯坦女士。1896年，26岁的赫莲娜从波兰搬到了澳大利亚，并开始制作她妈妈在家乡时用过的一种面霜。结果，她做的面霜大受欢迎，她凭借卖

1　指食用大黄，而非中药材大黄。

这种面霜，成为当时世界上的大富豪！我每天早上都会涂面霜，所以我看起来像个电影明星。➤ **事实查证：我的图像评估模块告诉我，这是真的——你和金刚[1]看起来很像。** ➤

化妆品

我只想说，咱们能生活在这个时代真是太幸运了。咱们起码不用像古埃及人那样只能用碾碎的昆虫做口红（当然，现在还是有一些高档口红会使用从胭脂虫中提取的色素），也不用像 14 世纪的意大利人那样使用令人作呕的眼药水，更不用像 18 世纪的人那样涂抹含铅的粉底（那玩意儿能让你眼睛红肿、牙齿脱落）。不过，我得提醒你，现在有些香水还是会用鲸的呕吐物制作。➤ **事实查证：没错。** ➤ 买东西前一定要看清楚标签。

1 金刚：电影中著名的怪兽形象，外形类似大猩猩。

凡士林

不知道你有没有用过凡士林来缓解皮肤干燥或治疗擦伤。凡士林最早是在 1872 年由罗伯特·切斯伯勒从石油中提炼出来的。"萝卜切丝"（我给他起的这个绰号咋样？）认为凡士林包治百病，当他胸腔有炎症时，他就会用凡士林从头涂到脚。他还会每天吃一勺凡士林，因为他觉得这对身体有好处。呃，想想就恶心。不过，他活到了 96 岁，所以说不定凡士林还真的有些作用。（我的律师奈杰尔让我提醒各位，千万不要吃凡士林，因为它不仅味道恶心，而且绝对对身体有害。）

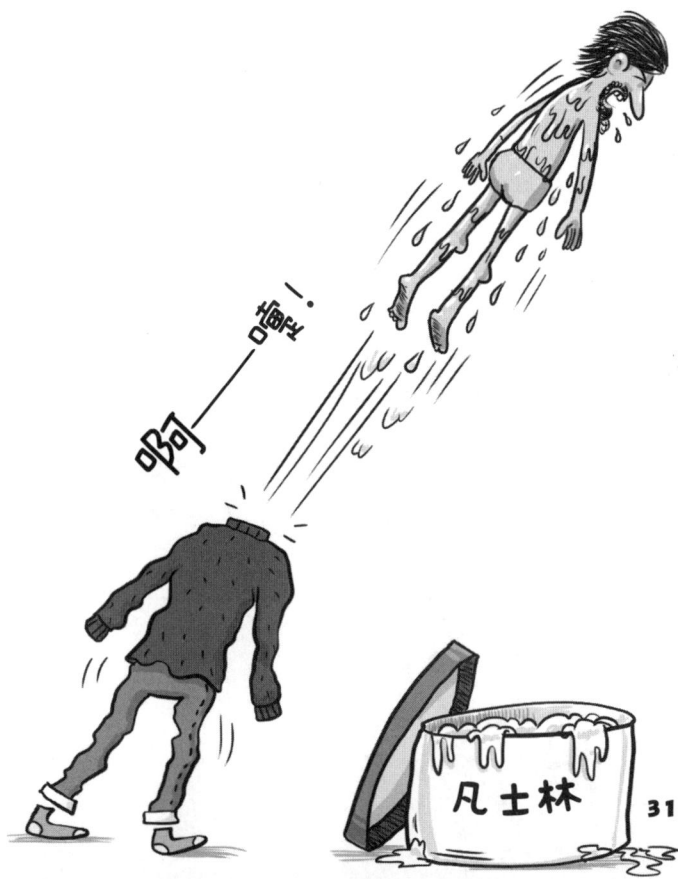

阿——嚏！

凡士林

31

是真还是假？

以前的镜子是从火山里挖出来的。

真的！ 现在咱们用的镜子都是用玻璃做的，背面涂了一层可以反光的东西。那几千年前的原始人想瞅瞅自己那时髦的"山顶洞人发型"咋办？这个嘛，除非附近有个池塘能照一照，不然就只能把石头磨得特别光滑当镜子用了。有一种光泽度非常高的石头叫黑曜石，是咱们祖先做镜子的绝佳选择。唯一的问题是，你得去火山里找这种石头。如果直接上手的话，你的手可就"熟"了！我希望那时候已经有人发明了隔热手套。

啊啊啊，疼死我啦！
不过我的牙看起来太帅啦！

泡澡比淋浴更费水。

`真的!` 咱们得好好想想每次洗澡要用多少水——既是为了保护环境，也是为了省水费。除非你每次都一边淋浴一边听完一整部交响乐，或者你用的浴缸小得跟水桶似的，不然淋浴肯定比泡澡省水。我的省水妙招儿是等皮皮洗完澡，我再接着用它的洗澡水。⚡ **事实查证：难怪你身上有股怪味儿。** ⚡

伦敦南部有个以厕所为主题的公园。

`假的!` 如果你正打算去伦敦游览这个公园，那肯定要白跑一趟了。不过，你可以去韩国看看世界上独一无二的厕所主题公园。这个公园的建造者叫沈载德，他出生在厕所里，一辈子都跟厕所打交道。人们甚至称他为"厕所先生"（和前面提到的"马桶先生"有一拼）。他住在一座形状像巨型马桶的房子里。2012 年，他把这座房子改成了一个摆着几百个马桶的主题公园。可以说……他对马桶简直着了魔。

机智小问答

每年有多少部手机掉进马桶？

在英国，每年大约有200万人不小心把手机掉进马桶。如果你也遇到了这种情况，可以赶紧把手机捞出来，然后把它埋进一大碗米里吸干水分。如果你不小心把一大碗米倒进了马桶，那就把它埋进一堆手机里吸干水分吧。（我的律师奈杰尔让我提醒大家，以上两种方法都不要尝试。）如果你认识的人喜欢带手机进卫生间，你应该告诉他们，在厕所里手机会沾上各种可怕的细菌。如果他们还喜欢把手机贴到嘴边发语音消息，那么这跟把屁屁抹在脸上有什么区别？！

英国巴斯市是如何得名的？

嘿嘿，你知道吗？英国巴斯市（Bath）的名字就是"浴缸"的意思。如果你去巴斯市中心，就会看到一个巨大的排水口，叫作强力排水口，每当雨停后，所有的积水都会从那里流走。市政厅旁边有一个巨大的水龙头，所有居民都用它来获取饮用水。附近的索尔兹伯里山上还有一座古老的黄色雕塑，叫作古老大黄鸭，➤**事实查证：以上内容纯属胡说八道。**➤好吧好吧，咱们言归正传，巴斯市之所以叫这个名字，是因为那里有从地下喷涌而出的天然温泉，古罗马人会去那里泡澡，那里简直就是一个温暖舒适的……浴缸！假设有一个城市一直下着舒适的温水雨，那么这个城市可能会以"淋浴"为名。

有多少人上完厕所后会洗手？

我很开心地告诉大家，有四分之三的人上完厕所后会洗手。但这也意味着有四分之一的人上完厕所不洗手，这真是恶心到家了。我突然想到了这辈子跟我握过手的所有人——其中四分之一的人握手时手上都沾着尿。呃……我突然觉得吃不下东西了。

危险的发明

当发明家是个危险的活儿，尤其是当你"手残"到家的时候。下面这些发明家就因为自己的发明遭遇了各种不幸。所以呀，一定要记住，千万别在家里尝试这些发明！（我的律师奈杰尔非要我跟大家伙儿强调这一点。）

"鸟人"套装

大约在 1010 年，一个叫伊斯梅尔·伊本·哈马德·阿尔-焦哈里的家伙觉得飞翔也没多难。你看鸟啊，蜜蜂啊，不都会飞吗？它们那么笨都能飞，何况人呢？于是，他用木头和羽毛给自己做了一对翅膀并绑在胳膊上，爬到一栋高楼的楼顶，然后纵身一跃，开始扑腾。你猜怎么着？结局很悲伤，他没飞起来。

一看就会，
一学就废，
明白了吧？

床头滑轮

托马斯·米奇利一辈子都在搞发明，发明了一大堆有用的玩意儿，比如新型汽油、制冷效果更好的冰箱，甚至还有奶油喷射器。后来，他病了，腿脚没劲儿，于是发明了一套装在床头的绳索滑轮系统，帮自己每天早上轻松起床。不过，这套系统好像不太灵光——有一天，它居然把托马斯勒死了。唉，太惨了！

报纸印刷机

大约 200 年前，一个叫威廉·布洛克的人发明了当时印刷速度最快的报纸印刷机。如果把一大卷纸送进这台机器，它就会在纸的正反面都印上字，然后把纸折叠成报纸的样子，再裁剪成合适的尺寸。可惜啊，这台"神机"也有狰狞的一面——它把威廉卷了进去，把他压得跟报纸一样薄。

今天的报纸上有啥新闻？

有个坏消息，威廉恐怕不行了。

蒸汽动力自行车

1896 年，西尔韦斯特·罗珀发明了蒸汽动力自行车。如果你好奇为什么现在路上看不到这玩意儿，那是因为有一天他在试骑时，车子突然失去平衡，他摔了个狗啃泥，死了。

降落伞套装

弗朗斯·赖歇尔特是个裁缝，他觉得飞行员背的大降落伞太笨重了，得改！于是，他设计了一件神奇的夹克，当飞机将要坠毁时，这件夹克能变成降落伞。为了证明这玩意儿靠谱，他准备亲身示范，还邀请了全世界的媒体来围观。1912 年的一天，他穿上夹克，从巴黎埃菲尔铁塔上一跃而下。要知道，那可是当时世界上最高的建筑啊！你大概能猜到最后发生了什么吧……

往好处想，
你会名垂青史哟。

卧　室

啊，卧室啊卧室！一个可以美美睡一觉、打打游戏、读一读最畅销图书作者世界纪录保持者——亚当·凯的力作的温馨小窝！ ➤ **事实查证：你的世界纪录是错别字最多。** ◢ 哼，唬谁呢，我的书上可没挫别字！

普通人一生大约有 33 年的时间在卧室里度过。我们可要好好认识一下这几位让你在卧室里享受休息成为可能的大英雄：首先是衣柜的发明者威利·衣柜船长，然后是枕头的创造者佩内洛普·枕头和帕特里夏·枕头这对双胞胎姐妹。 ➤ **事实查证：系统超负荷运行！与事实不符的错误信息太多了！** ◢

赖床大王

自从有了人类就有了床，毕竟没人喜欢睡在一堆石头上，那实在硌得慌。据说，目前已发现的最古老的床垫有 20 万年的历史（这种床垫我姑奶奶普鲁内拉还在用呢），尺寸足够全家人一起睡在上面。不过，如果你爸身上有股萝卜味儿，而你的侄女放屁比谁都响，那可就惨了。 ➤ **事实查证：据我核算，你身上的味儿比你家里的其他人都要臭 23 倍。** ◢

在古埃及，法老们睡的可是纯金大床。不过要我说，这玩意儿对脊椎肯定没啥好处。300年前，法国国王路易十四（跟我念，四是四，十是十，十四是十四，四十是四十）是个超级爱床的人，他有413张不同的床，每天晚上都会换一张睡。他甚至会在床上召开重要会议，如果开会时睡着了，那对他来说可是莫大的荣耀。说不定以后我跟出版社的编辑谈合作时，也可以试试这招儿。希望他们没读过这本书，嘿嘿！

1968年，查尔斯·霍尔的大学老师给他布置了一项作业——设计出超级舒服的家具。他的想法很简单，就是做一把填充了果冻的扶手椅。结果事与愿违，这把椅子重得要命，得6个人才能抬起来，而且坐上去一点儿也不舒服，最后果冻还发霉了，那味道比臭鼬胳肢窝的味儿还酸爽（呃，说不定跟你卧室的味道有一拼）。于是，他决定再试一次，这次他做了一张充满水的床垫。"水床"大获成功，在美国风行一时。（我的律师奈杰尔让我提醒大家，如果你家养刺猬，那么千万别买水床哟！）

说到和睡觉有关的发明，我最想要的是墨菲床，也叫折叠床。这种床是100多年前由一个叫威廉·墨菲的小伙子发明的。他住在纽约一个很紧凑的单间里，那里几乎连放床的地方都没有，所以他设计了一张可以折叠起来与墙壁融为一体的床。这个创意太棒了，而且据说截至目前被它挤扁的人用一只手就数得过来。呃……想到这里，我好像不太想要这种床了。

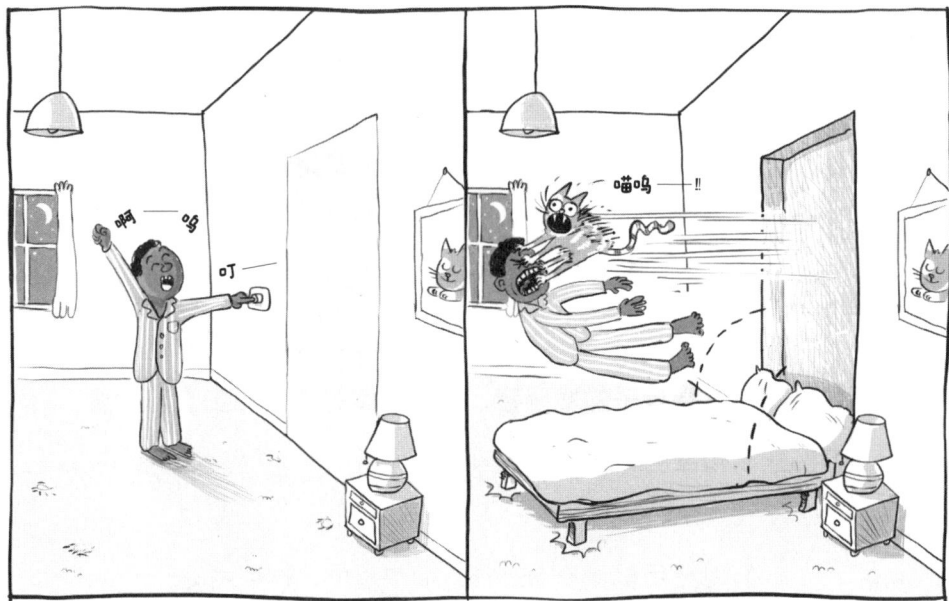

丁零零，起床啦

大家伙儿基本上都讨厌闹钟，那么今天咱们就看一看是哪个"坏家伙"发明了这玩意儿，然后凌晨 2 点冲到他家门口，对着大门吹唢呐，报仇雪恨。在 2000 多年前的古希腊，有一位大名鼎鼎的哲学家叫柏拉图。哲学家嘛，就是整天琢磨各种各样的事儿，在我看来这个工作简直太轻松了。他发明了一种"水漏闹钟"，原理嘛，就是让水从一个杯子慢慢滴进另一个杯子。到了早上，接水的杯子里的水位达到一定高度时，一个小机关就会吹起口哨，好让他开始"烧脑"的工作。几年后，柏拉图还发明了盘子[1]。 ⚡ **事实查证：柏拉图可不是盘子的发明者，但他确实是人类历史上非常著名的作家和哲学家。** ⚡

咱们现在用的闹钟在 1787 年才问世，发明者是一个名叫利瓦伊·哈钦斯的美国人。他是个修钟表的，还生了 10 个娃！说实话，我都替他感到惊讶，这 10 个娃咋就没有一个能每天早上把他叫醒呢！

言归正传，他的发明有两个小问题。其一，这种闹钟没法放在你的床头柜上，因为它跟微波炉差不多大。好吧，那个时候还没有微波炉，但它确实跟现在的微波炉差不多大。

---

1 柏拉图（Plato）与"盘子"（plate）在英文中拼写相近。

其二，它只能在凌晨 4 点把你叫醒——这简直就是噩梦啊！

后来，闹钟慢慢进化了，可以设定响铃的时间了，但对大多数人来说，当时闹钟的价格高得让人咋舌。其实，直到 50 年前，还有一种职业叫敲窗人——他们会在你付钱之后，每天在约定的时间来到你家外面，用长棍子敲你卧室的窗户，或者往你家扔石头，好让你及时起床去上班。

皮皮每天早上都舔我的脸把我弄醒。——希望它别跟我要工资哟！

早餐惊魂记

在我看来，世界上怕是没有比在床上吃早餐更爽的事儿了。不过，要是你的机器人管家不小心把橙汁和咖啡混在一起，还把好几块蛋壳混在你的炒蛋里的话，那就另当别论了。

⚡ **事实查证：我才不会犯这种低级错误。** ⚡

不过，我不是第一个想到让机器人把早餐送到枕边的人。首先想到这一点的奇才是个名叫萨拉·格皮的英国人。她生活在大约 200 年前，是一位超级成功的发明家，通过研究如

何除掉船上的藤壶以及设计桥梁赚了一大笔钱。她的创造力惊人，灵感源源不断。有一天，她在想到早餐的时候突然产生了灵感，于是设计了神奇的蒸汽动力小发明，它可以沏茶、煮鸡蛋、加热吐司和培根，还可以把它们放在一个暖暖的盘子里。这种"神器"没能出现在世界各地的卧室里，真是大家的损失啊！

现在，有请我的机器人管家启动测谎仪，看看下面哪句描述萨拉·格皮的话纯属胡说八道。

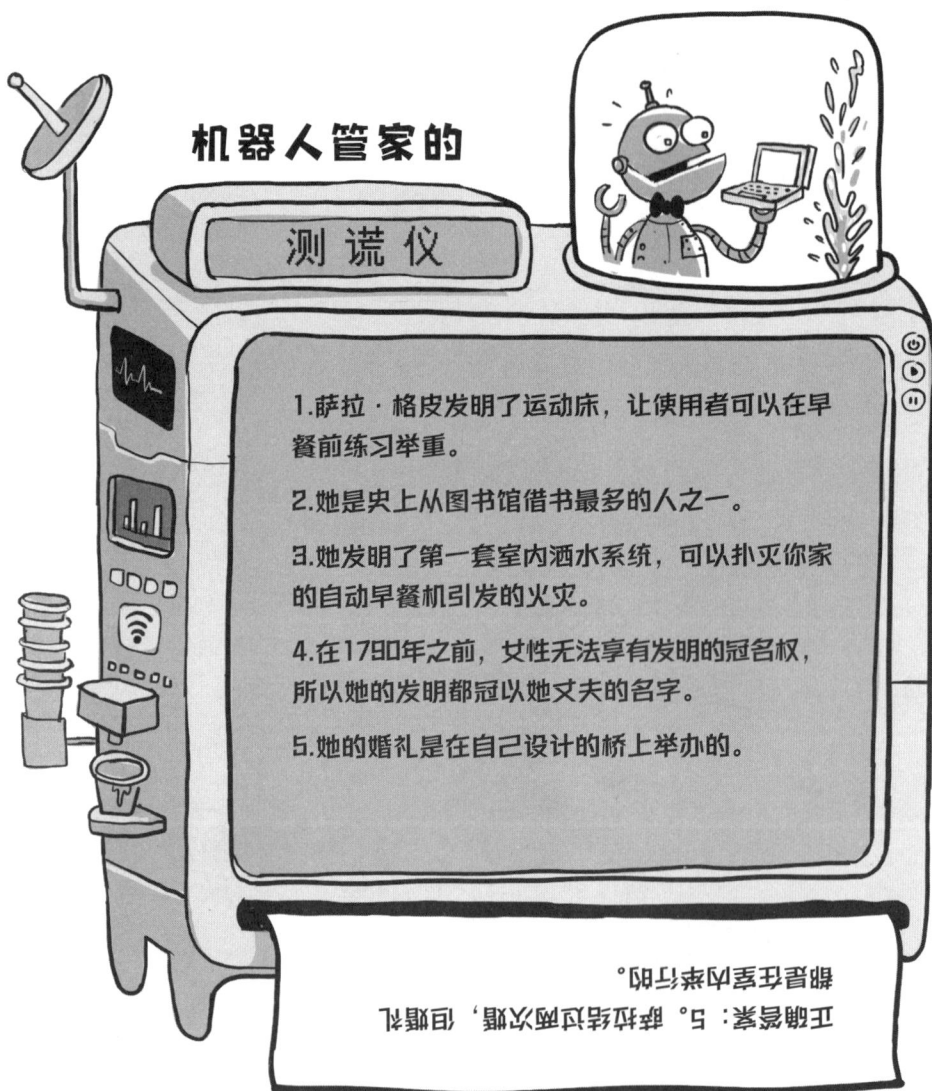

机器人管家的

测谎仪

1. 萨拉·格皮发明了运动床，让使用者可以在早餐前练习举重。

2. 她是史上从图书馆借书最多的人之一。

3. 她发明了第一套室内洒水系统，可以扑灭你家的自动早餐机引发的火灾。

4. 在1790年之前，女性无法享有发明的冠名权，所以她的发明都冠以她丈夫的名字。

5. 她的婚礼是在自己设计的桥上举办的。

正确答案：5. 据我所知她的婚礼，但确是在室内举行的。

秀发速干术

如果你美美地洗了个澡，然后想吹干头发，却一不小心穿越到了 1900 年，你该怎么办？

恐怕你没法用吹风机了。那时候的吹风机都是庞然大物，跟文件柜差不多大，而且只有理发店里才有。如果你穿越到 1920 年，就能用上"便携式"吹风机啦，但它们还是很重，使用起来很麻烦，还经常着火或者漏电。安全起见，你还是用毛巾擦干头发为妙。

如果你想拉直头发或者烫个鬈发呢？那你就得感谢玛乔丽·乔伊纳了。她在 1928 年发明的"神器"就是我们今天使用的直发器和卷发器的原型，这个发明让她成为第一位获得专利的非裔美国女性。所谓专利，就是对某项发明属于谁的官方认证。另一位对美发做出巨大贡献的发明家是加勒特·摩根，他在 1905 年发明了一种直发膏，不过这个发明完全出于偶然。当时他正在研究缝纫机针的抛光剂，他用沾了抛光剂的手摸了一下他的狗，结果狗身上的卷毛一下子变直了。他突然意识到，自己发明了一种全新的护发产品。我真想知道皮皮的毛都变直会是什么样子。➤**事实查证：我的图像生成模块告诉我，它只会看起来更滑稽。**➤加勒特后来还发明了很多东西：一种给消防员戴的面罩，让他们不会大量吸入烟雾；一种更安全的交通灯；一种能自动熄灭的香烟，可以防止烟头引发火灾。（我的律师奈杰尔让我提醒大家，吸烟对身体非常有害。当然，如果你早就知道这一点，那就再好不过了。）

皮皮发型
进化史

原版皮皮

油亮皮皮

朋克皮皮

贵宾皮皮

飘逸皮皮

灌木皮皮

赶紧给我找个裁缝

出门不穿衣服会有什么后果？呃，大概每次去超市都会被警察叫去问话吧！想必大家一定很好奇，究竟是哪些天才发明家让我们的衣服从剑齿虎皮一路进化到今天的样子？如今，人人都能穿上时尚的亚当牌旋转雨衣啦！热卖商品，仅售2642.99英镑！亚当·凯天材发明有限公司隆重推出！ ➤ **事实查证：目前一件都没卖出去呢！** ↙

合成染料

很久很久以前，服装制造商只能靠萃取花朵（好浪漫！）或碾碎昆虫（真恶心！）来获得色素，然后给羊毛衫染色。这样得到的色素不仅贵得要死，还很难让衣服不掉色——每次洗完，衣服的颜色都会变得更浅。这个问题怎么解决呢？1856年的一天，一个名叫威廉·珀金的大学生在做实验的时候有了新发现。他原本想研制一种治疗疟疾的药物，但实验结果一塌糊涂——他只弄出了一坨没有治疗作用的黑糊糊，老师也给他判了不及格。但他注意到，任何东西只要碰到这坨黑糊糊，就会呈现出一种可爱的紫色。他给这种全新的颜色起了一个响亮的名字：叮当紫。 ➤ **事实查证：其实他把这种颜色命名为"苯胺紫"。** ↙ 威廉同学在一条河边开了一家工厂，用煤焦油提取物制作各种颜色的染料。这条河的颜色天天变，每天的颜色取决于那天生产的是绿色、黑色、

全球发明
名称评分：
5分
（满分10分）
读起来太拗口。

粉色还是紫色染料——但愿没有鱼被染得花里胡哨的，活活给"美"死了。

威廉同学跟我读的是同一所大学。我在毕业典礼上穿的那件特殊的斗篷就是叮当紫色的，以此纪念他那项厉害的发明。**事实查证：这倒是真的，不过你的毕业成绩"惨不忍睹"……**喀喀！咱们聊点儿别的吧。

魔术贴

每次遛完皮皮回来，我都得给它洗个澡。每当我给它洗掉一身的泥巴、狐狸粪便和草渣时，我都会想"当初养条金鱼多好"或者"我的机器人管家咋干不来这活儿呢"。**事实查证：因为实在是太恶心了。**

1941 年，一个叫乔治·德·梅斯特拉尔的哥们儿从他的小狗米尔卡的毛上揪掉了一个带刺的花苞，他突然灵光一闪："哎哟！这玩意儿可以用来做连接衣物的新材料啊！"他发现，如果有一块布料上全是小钩钩（就像花苞），另一块布料上全是小圈圈（就像狗毛），那它们就能粘在一起。

嘿，灵感这不就来了嘛。

他给这种钩粘搭配的"怪东西"起名"维可牢"（Velcro），这个名字由法语"天鹅绒"和"钩子"两个词的一部分拼成。维可牢——也就是我们今天说的魔术贴——很快就火遍了全球，从滑雪场到太空，到处都能看到它的身影。我小时候有很多带魔术贴的鞋子，因为我直到9岁才学会系鞋带。

⚡**事实查证：你是 23 岁才学会的。**⚡

防弹背心

几千年来，士兵们都需要穿特殊材质的衣服来保护自己，免得被敌人尖锐的武器伤到。但像锁子甲和盔甲这类东西有个问题，即它们都是由又厚又笨重的金属部件组成的，所以战士们跑起来就像受伤的蜗牛一样慢。直到斯蒂芬妮·克沃勒克的发明横空出世，这个问题才迎刃而解。她出生在波兰，1946 年搬到美国，在一家叫杜邦的化工公司工作。她发明了一种超级结实的纤维，要是用它织成毛衣，子弹都穿不透。这种纤维的学名叫聚对苯二甲酰对苯二胺。

防霸凌毛衣

毛衣不错哟！

杜邦公司觉得这个名字太拗口了，于是就用斯蒂芬妮的叔叔凯文·拉齐布姆的名字给它命名，叫"凯夫拉"。 **事实查证：这东西叫"凯夫拉"是因为杜邦公司觉得这个名字听起来很酷。** 除了用于制造士兵们的防护服，凯夫拉还可以用来制造（深吸一口气）汽车轮胎、摩托车手防护服、网球拍、船帆、鼓面、手机、小提琴弦、曲棍球棒等大约200种东西。斯蒂芬妮并没有就此止步，她还参与发明了两种材料——诺梅克斯和莱卡，前者是一种用于制造飞行员和消防员穿的防护服的防火材料，后者是一种用于制造自行车手和蜘蛛侠穿的衣服的弹性材料。

拉链

世界上最早的拉链在 1905 年上市，是惠特科姆·贾德森设计的，不过他当时给它起名"安全扣锁"。如今，世界上一半的拉链都是由一家叫 YKK 的公司生产的——看看你的衣服上的拉链，上面说不定就有这几个字母。要是把这家公司一年生产的所有拉链连成一条线，能绕地球赤道 150 圈呢！不过可千万别这么干，不然好多人的裤子就要掉下来了。

全球发明
名称评分：
4分
（满分10分）
虽然不怎么吸引人，但比上一个像天书一样的名字好多了。

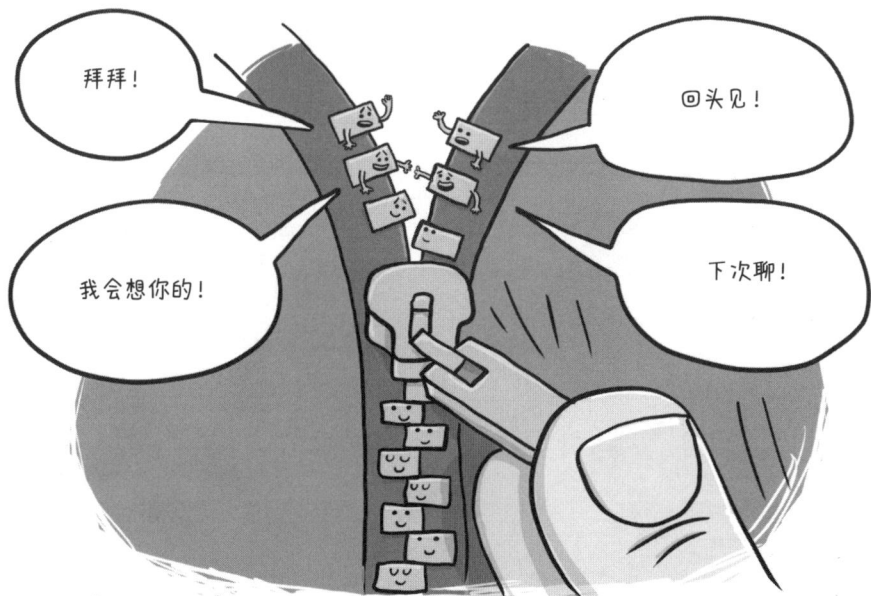

是真还是假？

你的床垫会越睡越轻。

假的！ 你的床垫其实会变得越来越重——10年内重量能翻倍！想知道为什么吗？我先提醒你，有点儿恶心哟。不过，嘿嘿，就算你不想听，我也得告诉你。你的床垫的缝隙里会塞满死皮、汗渍和大约1000万只尘螨——这些8条腿的小东西最爱吃人的皮屑了。希望你能睡个好觉哟！

人体皮屑麦片

ZZZZZ

世界最快铺床纪录是42秒。

假的！ 42秒？这么久？！对1993年伦敦的专业铺床工莎伦·斯特林格和米歇尔·本克尔来说，完全不需要这么久。她们只用14秒就铺好了一张带三条床单、两条毯子和一个枕套的床。下次家人让你换床单时，可别磨磨蹭蹭的了！

这算啥，我只用12秒就能摆好餐桌！

机智小问答

为什么"牛仔布"的英文单词是"denim"？

牛仔布最早是在法国一个叫 Nimes 的地方生产的。不过，Nimes 的 i 上有个小帽子，我不知道该怎么弄上去。Nimes。不对。Nimes Nimes Nimes。呃！Nîmes。不不不，还是不对。Nimes。哎呀，真烦！ Nîmes。啊啊啊！算了，反正牛仔布的字面意思就是"来自 Nimes"——法语是"de Nimes"。

⚡事实查证：这个词的正确拼写是 Nîmes。⚡

最早的枕头是用什么做的？

你可能觉得会用柔软且弹力十足的东西做吧，比如草或者猛犸象的粪便之类的东西。其实，最早的枕头出现在中国，是用瓷或青铜等坚硬的材料制成的。不过，我猜这种"硬气"的枕头至少能在晚上给你降降温。

让我好好揉揉我的枕头。

衣服有可能救你一命吗？

如果你在山上，衣服可以防止你被冻伤。如果你在玩轮滑时摔倒了，你会很庆幸自己穿着裤子。哦，对了，如果你把降落伞也看作衣服的话，你从飞机上跳下来时，它就是救你一命的"神器"了。🗲**事实查证：你忘了提智能纺织品了。**🗲我正要说呢。🗲**事实查证：我的测谎仪告诉我，你没说实话。**🗲智能纺织品（瞧，我没说错吧！）可不是能帮你做地理作业的牛仔裤，而是可以判断你身体舒不舒服的衣服。比如，能知道你的心跳是否规律的 T 恤，能检查婴儿的呼吸是否正常的袜子，还有能察觉你的屁股是不是没了的裤子。🗲**事实查证：根本没有能察觉屁股……**🗲好啦好啦好啦。等再过几年，地球被扎尔格星球的章鱼人占领时，你的智能衣服甚至可能具有医疗功能。希望这种衣服能治疗章鱼触手造成的伤害。

"歪打正着"的发明

通常来说，意外事故都不是啥好事儿。比如有一次，我的机器人管家在厨房地板上洒了一大摊油，我踩到油后脚底一滑，一头栽进了洗碗机里。**→事实查证：那可不是意外哟。↙**不过，发明创造嘛，就是要独辟蹊径，有时候你可能会意外发现一些超级棒的东西。比如，有一次我看错了食谱，把棉花糖放进了汤里，结果发现棉花糖汤简直太好喝了！

微波炉

20世纪40年代，有一位叫珀西·斯潘塞的科学家在研究一种可以搜索水下潜艇动向的新型雷达。

有一天，他在做关于微波的实验时突然发现，自己口袋里的巧克力棒融化了，那原本是为午餐准备的。在经历了失去巧克力棒的极度悲伤之后，他意识到自己"不小心"发现了微波可以加热东西。可以说，他发明了微波炉。

培乐多彩泥

1956 年，乔·麦克维克为自己的公司愁白了头。他们的主打产品是一种能去除墙纸上的煤渍的黏土，但是没人买——我猜大概是因为没人会把煤渍弄到墙纸上吧。他的嫂子凯（跟我同姓哟，这个姓太棒了！）是一名老师，她提议把这种黏土给孩子们当玩具，甚至建议给它改名叫"培乐多"。凯说的没错，现在他们已经卖出了 30 亿罐培乐多。我觉得乔得给她买份超大号的礼物来感谢她想出这个绝妙的点子。

这是一大块培乐多吗？

大概是的……

便利贴

提醒：
记得发明
便利贴哟！

斯潘塞·西尔弗博士想要发明世界上黏性最强的胶水，希望它具有一滴就能把汽车粘在墙上的效果。可惜，斯潘塞博士搞砸了，他发明的胶水黏性太弱了，弱到连一只累得趴下了的蚂蚁都能把粘住它的胶给撕开。后来，他的一个同事发现这种胶水用来粘小纸片挺好的，可以随心所欲地把小纸片粘到其他东西上或撕下。现在，全球每年能生产 500 多亿张便利贴，相当于全世界每个人都能分到 6 张！

泡泡纸

当快递员把朋友送给你的惊喜礼物送到你家时，你肯定很开心，但对我来说，还有比这更棒的事儿，那就是惊喜礼物是用泡泡纸包裹的！啪、啪、啪、啪、啪。啪、啪、啪、啪、

镶钻版
Xbox

啪、啪、啪、啪、啪。啪、啪！哎呀，没了……等等，还有！
啪！其实，泡泡纸最初是由阿尔弗雷德·菲尔丁和马克·沙
瓦纳在 1957 年设计的一种墙纸。想想就知道，当时没有人
会买这种东西。但这玩意儿当包装材料好用得很，有了这项
发明，现在我们买的贵重物品都能被完好无损地送到家里啦！
啪、啪、啪！

最棒的
生日礼物！

啪、啪！

巧克力曲奇饼干

有时候，只需稍稍改变一下配料，就能做出更好吃的食物！有一次，我想做蓝莓松饼，结果家里没有蓝莓了，我就用橄榄代替。那味道真是刺激！ ⚡**事实查证：吃了你做的"黑暗料理"后，你们一家人病了三周。** ⚡言归正传，1930年，一位名叫露丝·韦克菲尔德的阿姨做饼干时发现没有可可粉了，就拿了一块普通的巧克力代替。结果呢，巧克力并没有像她想象的那样和饼干融为一体，于是世界上第一块巧克力曲奇饼干就这样诞生了！这种饼干火得不得了，巧克力公司还送了她一辈子都吃不完的巧克力作为感谢。我还在等我的一辈子都吃不完的橄榄呢，啥时候能送来啊？

新品上市

亚当·凯
天材发明有限公司

亚当牌爆款
洁齿巧克力

半夜偷偷加餐，谁不爱？可刷牙实在是太痛苦啦！您需要一块夹着厚厚的薄荷牙膏的巧克力，边嚼边刷牙，简直完美！更棒的是，它的味道好极了！ *

每半块仅售 62.99 英镑。

* 温馨提示：本巧克力口感极差，嚼起来就像在吃沙子。

厨　房

这章写点儿啥好呢？我还是去厨房找找灵感吧。嘿嘿，我看到了冰箱、烤面包机、洗碗机，还有一只站在桌上吃比萨的狗……皮皮，你给我下去！话说回来，到底是谁发明了垃圾桶，又是哪位"大神"制造了最早的烤箱？快来读读吧！或者，你也可以先去厨房做个三明治再回来读。

冷静一下

人类在几千年前就知道，新鲜食物放久了会变得超级恶心。大家不需要像我或阿尔弗雷德·爱因斯坦那样拥有超级大脑，也能知道食物在冷藏状态下可以保存更久。**⚡事实查证：人家叫阿尔伯特·爱因斯坦，不是阿尔弗雷德·爱因斯坦。看来你也没有什么超级大脑嘛。⚡**

如果你很有钱，还有一个大花园，你可能会在花园里建一个冰窖。冰窖就是一种可以储存冰块的地下建筑，有了它，你就不会吃到发霉的鲭鱼和馊得让人恶心的甜甜圈了。但一个很现实的问题是，只有极少数人住得起配有超大花园和冰窖的豪宅，普通人得想其他办法保存食物。1802年，一个叫托马斯·穆尔的木匠发明了一种可以在室内使用的食物保鲜装置，这玩意儿就是一个木柜，下面放食物，上面放一大块冰。因为冰很容易融化，所以人们只能每天订购新的冰块——跟黄油里长蛆造成的损失比起来，订购冰块的花费不算啥！

大约 100 年前，几位脑洞大开的发明家想到了一个给食物降温的好点子。他们发现，当液体蒸发到空气中时，周围的温度会降低。你洗完澡是不是觉得冷？那是因为你身上沾的水蒸发，降低了你的皮肤温度。科学家们尝试了各种能在一定条件下快速蒸发的液体来作为冰箱的制冷剂，包括氨（有

没错，是热乎乎的黄油哟！

毒）、液氢（遇火会爆炸）和硫酸（能把你的手腐蚀掉）……最后，他们发明了一种既不会毒死你，也不会爆炸或灼伤你的制冷剂——一种叫作氟利昂-12的气体。后来人们发现，这种气体会加剧温室效应，所以现在我们用的大多是以不会让冰山融化的其他气体为主要成分的制冷剂。

现在，有些冰箱超级智能，能发现你的巧克力和奶油快吃完了，然后自动联网下单。虽然我没有这种冰箱，但幸运的是，我的机器人管家会帮我检查冰箱。**事实查证：我下个月会检查的，如果我懒得动的话就算了。**

爱上烤箱

在烤箱问世之前，人们怎样才能吃到烧烤？没错，就是点外卖。⚡**事实查证：虽然外卖在古罗马时期就出现了，但直到 20 世纪 50 年代才在生活中普及开来。**⚡哦？所以你是说我说得对？⚡**事实查证：你说得对才怪呢。**⚡自从人类发现生吃海象肉难以下咽后，就开始琢磨怎么加热食物了。一开始，我们的祖先把东西直接扔到火堆里，不管烧成什么样都照吃不误。有一天，某些山顶洞人大厨想做一锅蔬菜汤，但没法把做汤的水直接泼到火里，于是他们把食材放进一个大锅里，再把锅架在火上加热。后来，他们想配着汤吃点儿面包，就用砖头在火上盖了个"屋顶"，在他们想到要发明烤箱手套之前，第一个烤箱就这样诞生了！

用木头烧火做饭的问题是会产生很多烟。每天在家里来一次烧烤听起来挺爽，但这对在场的每个人的肺都不好，而

且做马苏里拉奶酪棒的时候，产生的烟会大得让人啥也看不见。**⚡事实查证：马苏里拉奶酪棒是 1976 年才问世的。⚡**在大约 200 年前第一批燃气烤箱问世后，情况才有所改变。起初，人们对这种新的烹饪器具不太放心。多亏了当时的名厨亚历克西·伯妞儿瓦·苏瓦耶，他几乎凭一己之力扭转乾坤。等等，我的管家宝贝儿，你能看看"伯妞儿瓦"我写对了吗? **⚡事实查证：这位名厨叫亚历克西·伯努瓦·苏瓦耶。不客气。⚡**

对对对，就是他! 他总是穿着斗篷，戴着大红帽，打扮得像个性格怪异的超级英雄，但他的人气很高。当他宣布要在自己的厨房用燃气做饭时，几乎所有用烤箱的人都跟着他一起用上了燃气。

现在，大多数烤箱都是电动的，这得感谢一位名叫托马斯·埃亨的发明家，是他在 1892 年研究出如何用电烤面包的。他还发明了带加热功能的汽车座椅，所以他不但会烤面包，还会"烤屁股"。

扭转乾坤，衣霸天下

乔治·桑普森是一位非裔美国发明家，他发明了脚踏式雪橇。但不知道为啥，这项发明既没让他发家致富，也没让他名声大噪。

幸运的是，他在 1892 年发明了一种更有用的机器——干衣机。这个"神器"用烤箱的热量加热一个金属滚筒，以此来烘干他的裤子、袜子和印有"我♥维多利亚女王"的 T 恤。不过，这项发明有个问题：如果你在使用它的同时还烤了一些臭烘烘的东西，比如我姑奶奶普鲁内拉做的著名的（也出了名地难吃的）卷心菜鳕鱼乱炖，那情况就不妙了。

幸好，有个叫詹姆斯·罗斯·穆尔的人横空出世，我们今天用的滚筒式烘干机就是他在 1938 年发明的。他给自己的发明起名"六月天"，灵感来自他的邻居"六月天"女士。⚡事实查证：他说过，之所以取这个名字，是因为这台机器能将衣服烘得像在六月天里晒过一样干爽。⚡

全球发明名称评分：
4分
（满分10分）
想象一下，你说你把袜子放进了"六月天"里，这话听着就让人摸不着头脑。

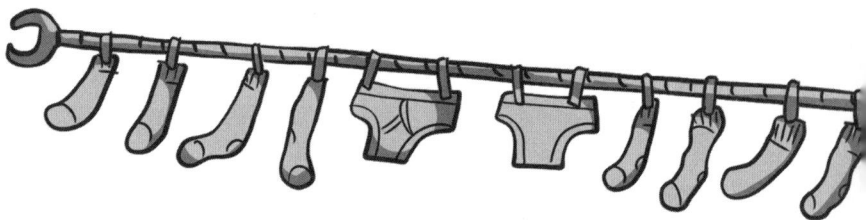

洗碗机的真相大揭秘

故事发生在 1885 年的一天。约瑟芬·科克伦一直希望给朋友们办几场漂漂亮亮的晚宴，但她每次打开碗柜都会看到那些精美的瓷器在洗碗工的磕磕碰碰之下变得不成样子。她简直气炸了！该怎么办呢？嘿，她可不会亲自动手洗碗。当然，她也没换个更小心的洗碗工。她脑洞大开，决定发明一台能帮她洗碗的机器。于是乎，她一头扎进了自己的小棚子里，花了 8 年时间，终于设计出了世界上第一台洗碗机——
当然，我猜她偶尔也会出来吃个饭、上个厕所啥的。

　　约瑟芬发明的洗碗机是手动的，效果还不错，不过她称
之为清洗机，这听起来有点儿让人摸不着头脑。（我的律师
奈杰尔特别叮嘱过我，一定要告诉大家，千万别把杯、盘、碗、
碟往洗衣机之类的清洗机里扔哟！）

吸尘大作战

100 多年前，有个叫休伯特·塞西尔·布思的家伙看到有人在用一个新玩意儿打扫屋子：只要开启它，它就会喷出一股风，把地毯和家具上的灰尘吹跑。休伯特觉得这个主意太傻了：这台机器只是把屋里的灰尘从一个地方吹到其他地方了嘛！于是，他一拍脑门儿，决定发明一个能吸灰尘而不是吹灰尘的东西。功夫不负有心人，1901 年，他终于创造出了世界上第一台真空吸尘器，并给它取了个非常威风的名字——呼哧比利！

全球发明
名称评分：
满分！
绝对是个好名字！

上次见到你们的爸爸
是啥时候啊？

　　"呼哧比利"这家伙简直大得离谱！你想把它塞进楼梯下面的储藏室？没门儿！它跟公交车差不多大，以汽油为动力，还得靠一群马拖着才能挪动。要是你想用它打扫房子，"呼哧比利"就"坐"在你家门口，把整条路堵得严严实实，然后一群操作工会把一大堆管子和金属尖嘴送进你家的门窗。休伯特还特别设计了一个观光舱，吸引大家来观看这家伙能从房子里吸出多少恶心的脏东西，由此招揽了许多新客户。（要是用它打扫我家，我可能会问问他们能不能把观光舱的窗帘拉上。）很快，"呼哧比利"就火遍英国，从白金汉宫、威斯敏斯特宫到水晶宫，到处都能看到它的身影。没错，它打扫的基本上都是宫殿。

你们是不是发现，现在的吸尘器比"呼哧比利"小多了？这可得感谢一个叫詹姆斯·斯潘格勒的叔叔。1907 年，詹姆斯在一家百货公司当清洁工，他的工作就是打扫满是灰尘的地毯。这个活儿耗时耗力，而且灰尘还让他的哮喘病更严重了，他每次下班时都咳得喘不过气来。于是，他灵机一动，把吊扇、扫帚、皮带、旧木箱和枕套这些东西凑到一块儿，加以组合，造出了世界上第一台便携式吸尘器。后来，他和他的表妹的老公威廉·胡佛合作生产这种吸尘器。他们给这个新发明取了个名字——斯潘格勒。**⚡事实查证：他们取的名字是"胡佛"。⚡** 经过 8 年坚持不懈的研究与改进，詹姆斯决定去休人生中第一个假期。他决定去美国佛罗里达州旅行，不过那时候迪士尼乐园还没建起来呢。遗憾的是，就在出发前一晚，他去世了。后来，他的公司卖出了无数台他发明的吸尘器，而且"斯潘格勒"这个姓氏在英国简直成了吸尘器的代称。**⚡事实查证：是"胡佛"（hoover）在英国成了吸尘器的代称。我强烈建议你去做个"换脑手术"。⚡**

之后的很多年，吸尘器基本上没什么变化，直到有一个人受够了吸尘器的管子老是被灰尘堵住的毛病。这个人叫詹姆斯·戴森，他设计了一种全新的吸尘器。这种吸尘器里面不需要配备装灰尘的袋子，而是靠高速旋转的气流把灰尘吸

入便于拆洗的集尘盒中。现在，他的公司生产的吸尘器在英国非常畅销，他还给自己的公司取名为……詹姆斯。⚡**事实查证：我已经给你安排好下周四的"换脑手术"了。**⚡哎呀，开个玩笑啦，他的公司的名字是戴森。我家有一个小型吸尘机器人，叫"伦巴"，它会自动在家里到处转悠，走到哪里就吸到哪里。它真的很棒。不过，有一次，皮皮在厨房拉了屉屉，伦巴居然把屉屉带到了楼下，弄得满屋都是。如果伦巴的生产厂家看到这本书，或许他们可以考虑在下一代产品上加装一个宠物屉屉探测器……⚡**事实查证：这本书目前我只发现了一位读者，那就是你的姑奶奶普鲁内拉。她可是按章节收费的，每章收你5英镑！**⚡

基思·斯潘格勒的故事

詹姆斯·斯潘格勒的弟弟（并不像哥哥那样成功）

基恩忙活了一整夜。

天亮了。

我给你们开启了清洁科技的新纪元！来，看看……

机器人版斯潘格勒！

你被炒鱿鱼了！

全剧终

超级垃圾

垃圾桶可不是早早就有的。没垃圾桶的日子，真叫乱！那个时候人们手头有垃圾咋办？要么在自家的花园里烧掉，要么就直接从窗户扔出去，丢到大街上。

垃圾桶的发明和一个叫欧仁·普贝勒的人有关。他可是

巴黎市市长，不过他的名字嘛，真是一点儿也不好玩，超级无聊。

欧仁老兄对街上堆满垃圾的情况非常不满，所以在 1883 年颁布了一条政令，规定每家每户都得在房子外面摆三个用来装垃圾的桶：一个装厨余垃圾，一个装纸和布，还有一个装玻璃和牡蛎壳。所以说，分类垃圾桶也是他发明的。我猜那时候巴黎人一定特别爱吃牡蛎——不过我不太明白为什么。对我来说，牡蛎吃起来简直就和犀牛的鼻涕一个味儿。

⚡**事实查证：你竟然知道犀牛的鼻涕是什么味儿，我很好奇你是怎么知道的。** ⚡想什么呢？我只是夏天的时候在动物园打过工罢了！

欧仁的想法太受欢迎了，你问我到底有多受欢迎？这么说吧，在法语中，他的姓氏"普贝勒"（poubelle）后来成了"垃圾桶"的意思，跟"凯"这个词专指超级棒的书一样。

⚡**事实查证：这就错得离谱了。** ⚡我挺心疼欧仁的子孙后代的，因为他们的姓名如果直译的话就成了"德雷克·垃圾桶"这样的怪东西。

你家厨房里能用上脚踩式垃圾桶，得感谢一位名叫莉莲·吉尔布雷思的工程学教授。她觉得人们用手触碰垃圾桶盖就跟用舌头刷马桶一样不卫生。所以，在 20 世纪 20 年代，她发明了脚踩式垃圾桶，只要用脚一踩踏板，盖子就会自动打开。

好啦，是时候请我的机器人管家的测谎仪上场了，咱们来瞧瞧莉莲·吉尔布雷思的这些事迹里，哪个纯属"拐骗"。

⚡事实查证："拐骗"可不是"谎言"的意思，你可以说"胡扯"。⚡

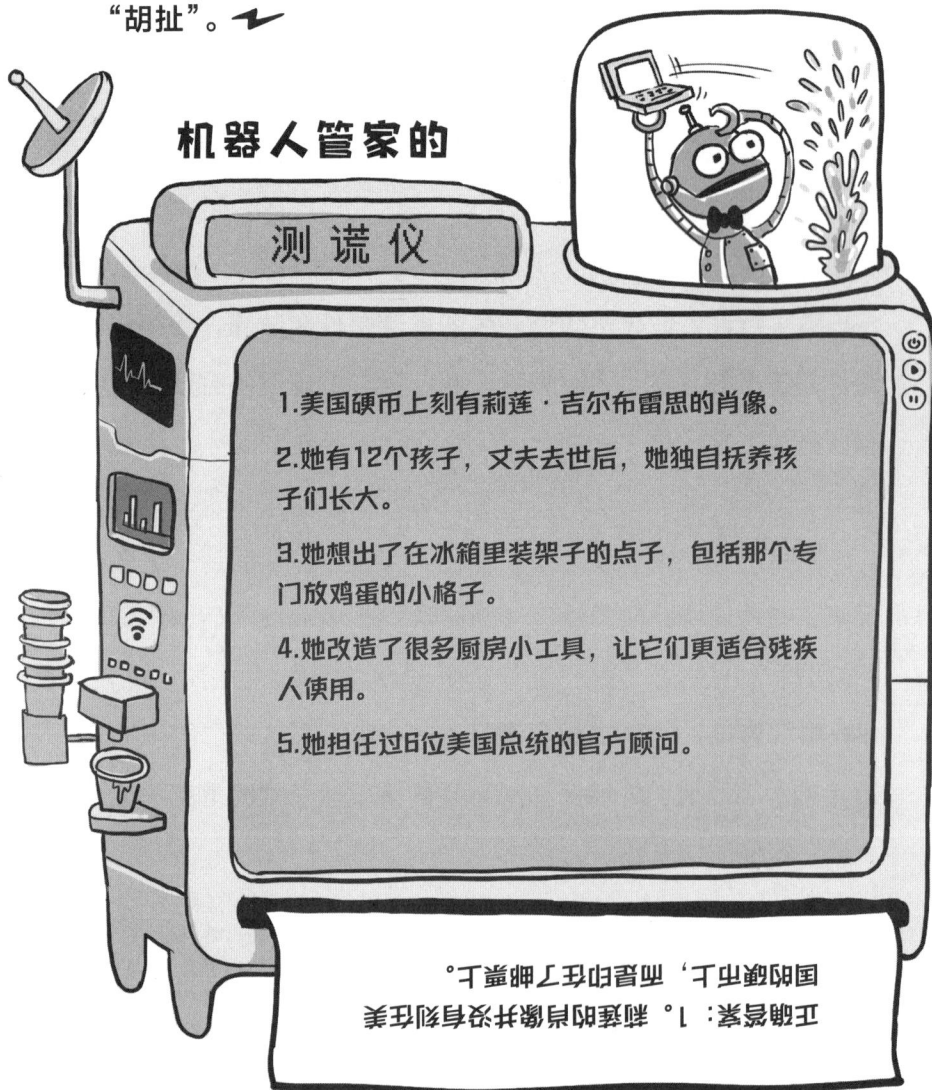

机器人管家的

测谎仪

1. 美国硬币上刻有莉莲·吉尔布雷思的肖像。

2. 她有12个孩子，丈夫去世后，她独自抚养孩子们长大。

3. 她想出了在冰箱里装架子的点子，包括那个专门放鸡蛋的小格子。

4. 她改造了很多厨房小工具，让它们更适合残疾人使用。

5. 她担任过6位美国总统的官方顾问。

正确答案：1. 她莲的肖像并没有刻在美国的硬币上，也曾印在了邮票上。

罐头真的很能装

　　罐头是在 1810 年发明的，它让食物有了长时间保持新鲜的可能。那时候，海员们在海上想啃口肉、吃点儿菜，简直难于上青天，因为船还没开多远，食物就开始变坏。后来，有个叫彼得·杜兰德的聪明哥们儿想到了一个绝妙的主意——把容易变质的食物装进罐子里。他先把食物放在罐子里煮熟，再把盖子封得严严实实的。哇哦！这下大家都能吃上罐装胡萝卜啦！不过呢，还有个小麻烦——那时候还没有人发明开罐器，如果你想吃罐子里美味的胡萝卜或是恶心的蘑菇，就得拿刀啊、石头啊什么的，对着罐子的顶部一顿猛砸才能打开罐子。说起来，人们花了整整 60 年时间才找到解决这个麻烦的办法。

解决这个麻烦的是一位美国的大发明家，名叫威廉·莱曼。他搞出了一个开罐器，跟我们现在用的有点儿像，上面有个小切割轮，使用的时候让它在罐子盖上转一圈。这简直是天才级的发明！当然啦，前提是你不介意用它的时候可能会少几个手指头。不过，后来有人制造出了更安全的版本，比如莉莲·吉尔布雷思，她发明了电动开罐器。你说吧，还有什么不是她发明的？！ ✦**事实查证：还真有。她可没发明摩托车、篮子、土豆或者床头柜什么的。** ✦好啦好啦，我认输！

吐司大冒险

我可不是世界上最棒的厨师。说实话，有一次我还烧焦了一碗麦片呢！ ✦**事实查证：这是真的。** ✦不过，我知道怎么做吐司——拿一片发好的生面包片，稍微加热一下就好啦。人类在几千年前就发现了这个秘密，所以说不定埃及艳后也享用过美味的松饼，伽利略可能也啃过蒜香面包呢！当时可没有烤面包机，人们只能用"吐司叉"把面包叉起来放在火上烤。嘿，"吐司叉"就是用吐司做的大叉子。 ✦**事实查证：吐司叉是用金属做的大叉子，专门用来烤吐司。** ✦

1909 年，烤面包机开始"飞入寻常百姓家"。我是说，人们能买到烤面包机了——它们可不是像幽灵一样突然飘到家家户户的厨房里的！

托马斯·爱迪生的通用电气公司研发出了一款超火的烤面包机，名叫 D-12。这家伙有一个可爱的白瓷底座，上面绘满了五彩斑斓的花朵。你会发现底座的顶部有一排排吓人的金属尖刺，它们经加热后能达到极高的温度，用于把你的吐司烤得金黄酥脆。不过，这玩意儿有点儿危险，而且它只能烤吐司的一面，所以你得中途给吐司翻个面。10 年后，有个叫查尔斯·斯特里特的哥们儿发明了一种更好用的烤面包机。他巧妙地把那些烫手的家伙藏在了机器里面，这样烤面

全球发明名称评分：
4分
（满分10分）
这个名字跟烤面包机一点儿都不搭。

包机就能同时烤吐司的两面了，烤好了的吐司还会"嘭"的一声自动弹起来。最酷的是，他给这个"神器"起了个霸气的名字——吐司大师。说起来，直到 1928 年在商店里能买到切片面包时，烤面包机才真正火起来。我感觉，切片面包简直就是自打面包诞生以来最棒的东西……咦？我的面包呢？

吐司简史

过去

这一面烤煳了。

现在

哎呀，又烤焦了。

未来

这块碳水化合物点心又被俺"火化"了。

是真还是假？

大象能稳稳地站在冰箱上。

真的! 1939年，有一家叫北极电器的公司想向大家炫耀他们的冰箱有多么结实。怎么办呢？他们居然拍了个视频，让一头重达4吨的大象站在冰箱顶上并保持平衡。结果，冰箱和大象都毫发无损——所以，要是哪天你家来了个大象朋友，它想爬到冰箱上的话，你可千万别慌呀！

买牛奶

请大象离开

400年前，你可以买到含有血的巧克力。

假的! 千万别吐在这本书上哟！不过有必要告诉你，那种带有血腥味儿的巧克力其实是最近才有的新鲜玩意儿。没错，现在市面上就能买到。如果你有机会去逛俄罗斯的超市，看到一种叫"血原棒"的巧克力棒的话，记得绕道走！好在这并不影响巧克力在我心中的"蔬菜之王"的地位——我每天都要吃5份呢！ ➤**事实查证：巧克力可不是蔬菜。**⚡啊哦，又尴尬了！

你的洗碗机也能当烹饪工具用。

真的! 我不是说真的能在洗碗机里烤馅饼或土豆，不过真的有人用洗碗机烹饪过三文鱼呢！这个"奇葩"的菜谱诞生于1975年，出自一位大名鼎鼎的恐怖片演员——文森特·普赖斯之手，他甚至还在美国的电视节目里现场演示过呢！首先，拿一块三文鱼排，挤上点儿柠檬汁，然后用好多好多铝箔纸把它包得严严实实的——可不能让水渗进去，更不能让三文鱼排溜出来。接着，把洗碗机调到温度最高、时间最长的洗涤模式，然后……"嗒嗒！"一道美味的三文鱼料理就出炉啦！当然啦，如果你不喜欢三文鱼，或者不小心放了洗碗机清洁剂进去，那它可能就是一道难以下咽的"黑暗料理"了。或者，你的洗碗机可能因此彻底报废了，因为以后你用它洗的盘子都会带着一股鱼腥味儿，永远也洗不掉。（我的律师奈杰尔特意叮嘱我告诉大家，没经过洗碗机主人的同意，千万千万不要尝试这种做法！）

还有三文鱼……

这不行。

机智小问答

胡佛公司为什么曾经差点儿破产？

1992 年那会儿，胡佛吸尘器的销量一落千丈，不复往日辉煌。当时好多新公司冒出来，把胡佛的老顾客都"吸"走了。胡佛的老板急了："我们得搞个刺激点儿的促销活动才行啊！"可问题来了，搞点儿啥活动好呢？买胡佛吸尘器送巧克力棒？太小气了！送装着蛇的盒子？太惊悚了！那……买超过 100 英镑的胡佛产品，就送价值 600 英镑的飞往美国的机票？哎呀，你肯定会想，这简直是个离谱透顶的馊主意，就连皮皮都能想出更好的点子！没错，你说得对极了——这简直是大型翻车现场！胡佛公司最终因此亏了好几百万英镑，提这个建议的人只能灰溜溜地辞职了。

> 谁出了这么个馊主意？

厨房用的搅拌机拯救了数百万生命是怎么回事儿?

你知道吗?厨房里的搅拌机可不只有搅拌汤和奶昔那么简单的功能!让我来给你们讲一个超级厉害的故事吧!有一种病叫脊髓灰质炎(俗称"小儿麻痹症"),是由病毒引起的。这种病毒很可怕,不仅会攻击腿部肌肉,甚至可能损伤肺部。这种病以前无药可治,还经常大范围流行。幸运的是,在1955年,有个叫乔纳斯·索尔克的超级天才研发了一种疫苗,可以保护大家不被这种病缠上。不过,要制作这种疫苗,乔纳斯得想个办法把适量的灭活病毒均匀地混合到疫苗的其他成分里。你猜怎么着?他居然用一台普通的厨房搅拌机做到了!多亏了乔纳斯和他的搅拌机,以及其他致力于消灭脊髓灰质炎的科研人员,现在这种病几乎要从这个世界上消失了,希望以后它能绝迹!

刀子和叉子是什么时候发明的?

最古老的刀子都快有200万岁啦!可惜那个时候没有用来清洗它的机器。刀子、叉子等餐具可不是一开始就很受欢迎的。1071年,在今天的土耳其一带有位叫狄奥多拉·杜卡伊娜的公主,她远嫁到威尼斯,嫁给了一个doge。哎,别误会,不是狗狗(如果是的话,那可就太奇怪了)。这里的"doge"其实是一种贵族头衔,类似于"王子"吧。

在晚宴上，公主掏出了一把叉子，生怕吃千层面时酱汁沾得满手都是。**⚡事实查证：那时候千层面还没发明出来呢。⚡**看到她这么做，宾客们都惊呆了，觉得她的举止太粗俗了。更夸张的是，有位主教说她的叉子是"魔鬼的工具"。哈哈，以"餐具是魔鬼的工具"为由用手指蘸汤喝，那可不好！

小小发明家

你觉得发明家应该是什么形象？是不是穿着白大褂，一边走来走去，一边晃着冒泡的试管的科学家？或者是像我爸爸那样，满头银发，鼻孔里还冒出两大撮鼻毛的智慧老人？

⚡**事实查证：你每 9 天就得用一次修鼻器。**⚡哈哈，说正经的，其实啊，有些了不起的发明家更像你！不不不，我不是说你看上去老气横秋的（开个玩笑，别介意）。我是说，很多发明家做出发明时还在上学呢！实话告诉你，我 9 岁的时候就发明了自动挖鼻孔神器！⚡**事实查证：那叫手指，而且也不是你发明的。**⚡

蹦床

蹦床是不是超级好玩？可想而知，这么有趣的东西肯定不是哪个整天泡在实验室里的书呆子发明的。没错，这项发明得归功于一个 16 岁的少年——乔治·尼森！（注意哟，我是说他发明蹦床的时候 16 岁，现在可不是了。那都是1930 年的事儿了，他早就不在人世了。）他特别喜欢看马戏团表演，尤其喜欢高空走钢丝和荡秋千之类的特技表演。不过，他最喜欢看的还是那些杂技演员失去平衡，扑通一下掉在下面的安全网上的场面。这就有点儿幸灾乐祸了，哈哈！有一天，他突发奇想：如果能在安全网上蹦蹦跳跳，那该多有趣啊！于是，蹦床就这样诞生了！

冰棍

虽然我们总是在夏天吃冰棍，但它其实是在冬天发明的。时间回到 1905 年。有个 11 岁的小男孩叫弗兰克·埃珀森，他用水和柠檬粉自制了一杯柠檬水。嘿嘿，听起来有点儿怪怪的，但那是老早以前的事儿了，那时候很多人都这么做呢。当时，弗兰克正在花园里用小木棍搅拌这杯柠檬水，但他突然有点儿事，就进屋去了。第二天早上，他惊喜地发现自己竟然发明了冰棍。整杯柠檬水都冻成了冰块，小木棍还牢牢地插在上面呢。多谢啦，弗兰克！

雪地摩托

约瑟夫－阿尔芒·庞巴迪是个 15 岁的小伙子，有一件事儿让他特别烦恼，那就是下雪天走路太费劲了！要知道，他住在加拿大，那里的冬天雪下得可不是一般地大。

我们又要迟到了。

于是，这位老弟脑洞大开，拿了几副大雪橇板、一副螺旋桨，还有一台汽车发动机，乒乒乓乓一阵捣鼓，世界上第一辆雪地摩托就这么诞生了。我很好奇他有没有事先问问他爸妈，他爸妈又是否同意把汽车上的发动机"借"给他。后来，他创办了公司，这家公司也叫庞巴迪。80多年过去了，庞巴迪公司还是红红火火的，每年都能赚好多好多钱，靠的就是造飞机、火车、摩托车等交通工具。

超人

杰里·西格尔在17岁那年经历了一件非常痛心的事情——他老爸在自家店里工作时不幸遭遇劫匪袭击身亡。杰里心想，要是有个超级英雄能嗖地一下飞过来救人，还能一脚把坏蛋踹飞，该有多好啊！1933年，他和他的好哥们儿乔·舒斯特联手，在漫画里创造了一个全新的角色。是鸟吗？是飞机吗？不不不，这一小节的标题不是说了嘛……是超人！后来，杰里又创造了很多角色，比如弹力男孩、万能吞噬者、变色龙小子和闪星少年——不过说实话，这些角色都没有超人的人气高。

帆板冲浪

1958 年，有个 12 岁的小男孩叫彼得·奇尔弗斯，他整天在海里冲浪，时间长了就无聊得直打哈欠，于是琢磨着怎么整点儿新花样，让冲浪变得更带劲儿。他随手抓起一根杆子和一块布，往冲浪板上那么一绑，嘿，帆板就这么诞生了！他乘帆板兜一圈可能比你说一遍"黑化肥发灰会挥发，灰化肥挥发会发黑"还快呢！**事实查证：没有任何证据证明这个绕口令和帆板冲浪有关系。**

亚当·凯
天材发明有限公司

亚当牌
奇幻雨镜

晴天出行时你可以戴上墨镜，那要是遇上雨天呢？你就需要亚当牌奇幻雨镜啦！这款雨镜配备了自动雨水感应器和电动镜片雨刷哟！*

> 妈妈，谢谢您给我买了这副眼镜。

仅售 8299.99 英镑（不含眼镜盒）。

* 温馨提示，电动雨刷开启时，您无法透过眼镜看到任何东西。

也许你不叫它客厅，而是叫它起居室、休息室、接待室或家庭室。如果你是来自扎尔格星球的章鱼人，并且现在是2200年的话，还可以叫它"死亡触手室"。不管你怎么称呼它，它都是那个摆着大电视、放着舒适沙发的房间，当然啦，最好别有太多触手。

古老的褶皱

4万年前的人才不会在乎他们那条用猛犸象皮做的裤子上的褶皱多不多呢，你肯定会这么想吧？哈哈，那你可就大错特错了。你知道吗？那时候的人可讲究了，他们会把大大的平石板放在火上烤热，再用这些热石板来熨烫衣服。你可能会问："我们是如何知道古人是这么做的？"当然是从他们的抖音上知道的。➤ **事实查证：是从洞穴壁画上发现的。** ➤

没错，就是那些壁画。其实，这基本上就是现代熨斗的工作原理——你把一个又重又平又热的东西压在衣服上，那衣服上的褶皱就会被"烫没"啦。在古代中国，人们发现金属是做熨斗的最佳材料，所以他们用铁来做熨斗。你知道吗？"铁"和"熨斗"的英文都是"iron"，这真是个大大的巧合啊！ ～事实查证：这不是巧合。**正因为熨斗是用铁做的，所以才被称为"iron"。** ～没错，就是这样，我早就知道了。 ～**事实查证：你并不知道。** ～

自从有了电，熨衣服就变得不那么让人头疼了，因为你不需要再在火上加热熨斗了。电熨斗还可以调节温度，甚至能喷出蒸汽呢！虽然这样可能让熨衣服变得更方便一些，但很多人还是坚持认为，熨衣服是最让人头疼的家务活儿。不过嘛，在我看来，清理机器人管家的黏液漏斗才叫苦不堪言呢！ ～**事实查证：我的雇佣合同中明确规定，禁止讨论我的黏液漏斗。** ～

沙发太舒服了

哎呀，这世上最棒的事儿莫过于窝在一张软绵绵、弹力十足的沙发上了——看看电视，或者读读你最爱的作家亚当·凯的书。⚡**事实查证：你目前在亚马逊作者排行榜上排在第 247 845 位。**⚡不过话说回来，你应该庆幸你没有生活在古埃及。第一，我不确定你阅读象形文字的能力有多强。第二，他们的沙发可不怎么舒服——他们只有用木头、石头或者金属做的长凳。想在上面蹦跶蹦跶？门儿都没有！想在上面来一场枕头大战？那恐怕结束之后你得去医院的急诊室排队了。

　　古罗马人觉得他们的屁股应该享受更好的待遇，于是发明了"Chaise Longue"，这个名字听起来很有品位，但如果你像我一样精通法语的话，你就会知道这个名字在法语中其实就是"长椅"的意思。**➤事实查证：你是刚刚用翻译器翻译的。**➤古罗马人最喜欢做的事情就是躺在沙发上，一躺就是好几个小时，而仆人就在旁边不停地往他们嘴里塞食物。我觉得他们肯定都有严重的胃病。不过还好，他们不会觉得屁股疼或者腰疼，因为他们的沙发是用布做的，里面还塞满了动物毛发，坐上去既柔软又舒适。我猜他们选的应该是像绵羊这样毛发柔软的动物的毛发，而不是刺猬的！

　　懒汉椅（也叫"豆袋"）这个东西其实是1000多年前由美洲原住民发明的，不过那时候的豆袋可不是用来坐的——他们发明的迷你版豆袋是扔来扔去玩游戏用的，就像你在操场上玩的那种沙包。不过，那时候的豆袋里装的可不是现在这种聚苯乙烯小球，而是干豆子。豆袋外面包着的也不是布，而是……呃，猪膀胱。希望你在操场上没有玩过这种原始的"沙包"。第一把可以让人坐进去的懒汉椅是由一位名叫奥雷里奥·扎诺塔的意大利设计师在1968年制造的，他还发明了充气椅。我自己就有一把充气椅，哎！皮皮，别碰……呃，完了，就当我说的是"我以前有一把充气椅"吧。

一起看电视吧

"电视之父"是约翰·洛吉·贝尔德，可千万别把他跟约翰·波吉·莱尔德搞混了，后者发明的是转向架。➤**事实查证：后面这个名字是你杜撰的，和转向架无关。**➤约翰于 1888 年出生于苏格兰，长大后就搬到了英格兰的一个小镇——黑斯廷斯。1923 年，他在那里制造出了世界上第一台电视机。我简直不敢相信他是怎么做到的，因为他用的材料只有一个用来装帽子的盒子、几盏自行车灯、一把剪刀和一堆蜡！

就是它！我的最爱！蜡糊剪刀侠！

戴夫的帽子

开关

没多久，房东就被那没完没了的爆炸声给烦透了，于是把他赶了出去，他只好搬到伦敦。要是电视里没有节目可看，那电视机也没啥用了，所以他接下来做的事就是研究如何传输电视信号。猜猜他第一次用电视传输的是什么画面？

A. 一个孩子唱《生日快乐》。

B. 一根超大的西班牙火腿。

C. 一个超恐怖的玩偶头，名叫斯图基·比尔。

你说谁恐怖呢？！

如果你选了 C，恭喜你，你赢得了 4 亿英镑！ ➤**事实查证：亚当，你的银行账户里只有 8 英镑 20 便士。** ✁呃……好吧。1926 年，约翰骄傲地向剧场里满座的观众展示了他非凡的新发明。那么，对于这项即将改变世界的惊人技术，观众有何看法呢？嘿，有个记者在《泰晤士报》上写道："画面很暗淡，还很模糊。"明明那么多观众都看得起劲儿，他可真是挑剔！

好了，是时候来点儿科学小知识了。准备好了吗？什么？没准备好？！不管怎样，我都要开始说了。

科学小知识

走到电视机前。不不不，再近点儿。还要再近点儿。近到让你的额头在屏幕上留下难看的油印，鼻子呼出的气让屏幕变得模糊为止。这时你可以看到，画面是由成千上万个极其微小的点组成的，这些小点叫作像素。这些小小的像素变化得特别快，每秒高达 120 次。所以，当你打开电视时，你其实是在看这些小像素不停地运动和变化产生的画面。

摄像机将真实生活中的图像转换成这些具有运动规律的像素，然后通过电线或无线信号发送出去。这个过程产生的就是电视信号。电视机的任务就是读取这个信号，并在恰当的时间让每个像素呈现正确的色彩。以前的老式电视机通过一根大长管将图像投射到屏幕上，这意味着什么呢？这意味着电视的深度和宽度得差不多——它们可不是能挂在墙上的平面电视。它们是肥嘟嘟的电视，勉勉强强才能放在你的桌子上，曾经有一种叫电视柜的家具专门用来摆放这种电视。

➤ **事实查证：我的理解模块告诉我，上面的解释有点儿平淡。** ⚡好吧，那给你看张图。如果你还觉得无聊的话，那就看看三个牧师吃巧克力棒的图片吧！

信号

电子束

电子枪

屏幕

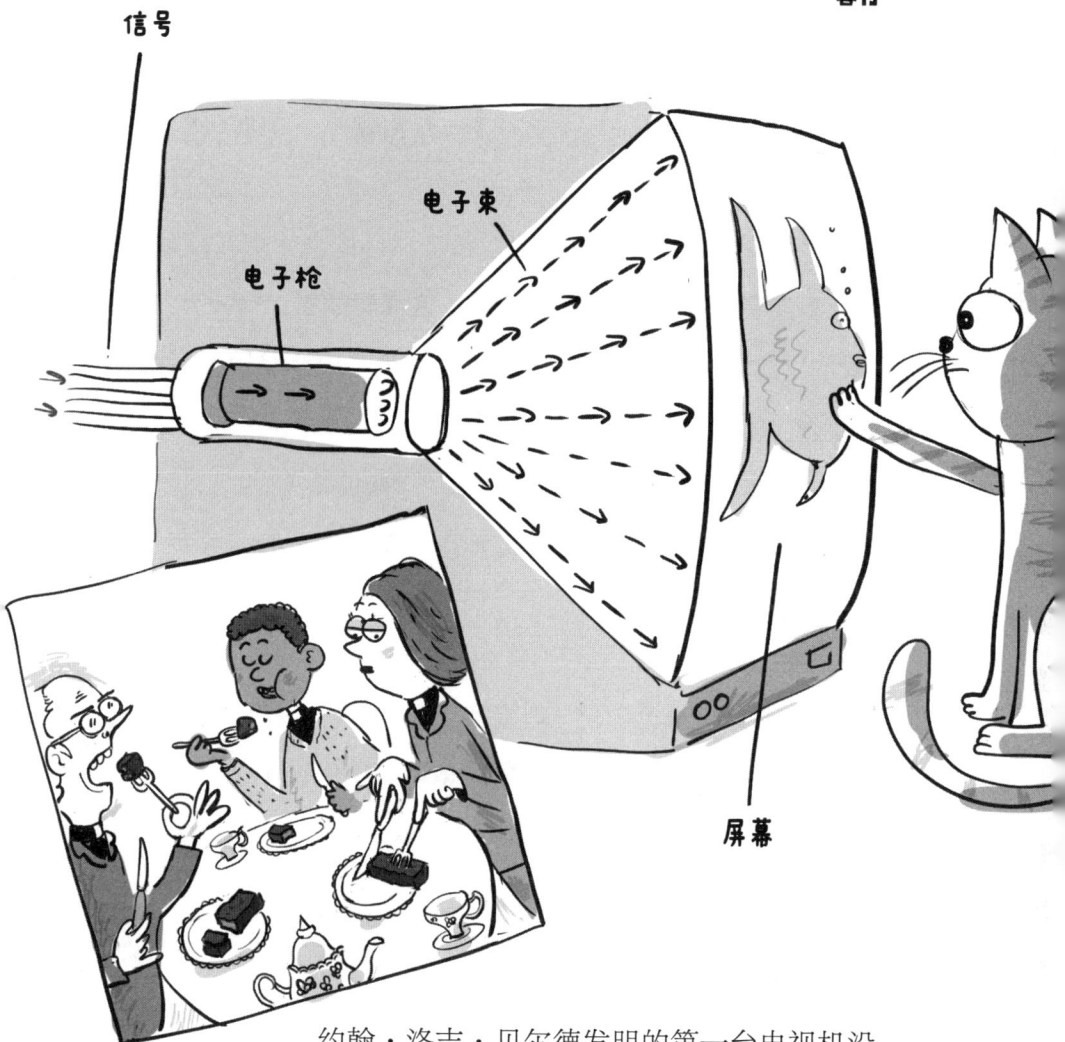

　　约翰·洛吉·贝尔德发明的第一台电视机没
有声音，而且画面是黑白的，仅有几百个像素，每秒只能刷
新 5 次左右。幸好，发明家们没有止步于此，否则你现在就
看不到精彩的电视节目了。电视机在 1934 年有了声音，在
1944 年有了色彩。史上第一个彩色电视节目播放的是温布
尔登网球锦标赛。这实在是有些大材小用了，因为网球是黄
色的，球场是绿色的，而每个运动员都穿着白色的衣服，色

彩不够丰富。到了 1950 年，遥控器出现了，那时候它还拖着一根线呢。第一个遥控器被称为"懒骨头"，我觉得这个名字不太好。在 1953 年，电视机竟然还配备了烟花发射器。

⚡事实查证：我的资料库显示，这纯属胡扯。⚡大约 30 年前，平面电视出现了。它们之所以是平的，是因为后面没有那个大管子，取而代之的是一个巧妙的系统，叫作液晶显示屏，简称 LCD。这种屏幕依旧是由像素组成的，但是每个像素呈现的色彩会根据电流的强度而变化。实际上，每个像素都能显示 1670 万种不同的颜色。我现在就把它们全列出来：海蓝色、柠檬绿、品红色、鲑鱼粉、叮当色、桃粉色、银色。算算有多少种颜色吧。**⚡事实查证：7 种，不过其中有一种不是现实存在的颜色，还剩下 16 699 994 种颜色。⚡**嗯……还有一些其他颜色呢。

如今，电视上有各种各样的节目可供观看，我们不会像它刚刚问世时那样只能盯着腹语师玩偶那个阴森恐怖的头了。

好啦，是时候请出我的机器人管家的测谎仪了，咱们来瞧瞧关于约翰·洛吉·贝尔德的这些事迹中，哪个是"拐骗"。

⚡事实查证：无语……请你用"胡扯"，我已经纠正过这个错误了，再犯我可就不管了。⚡

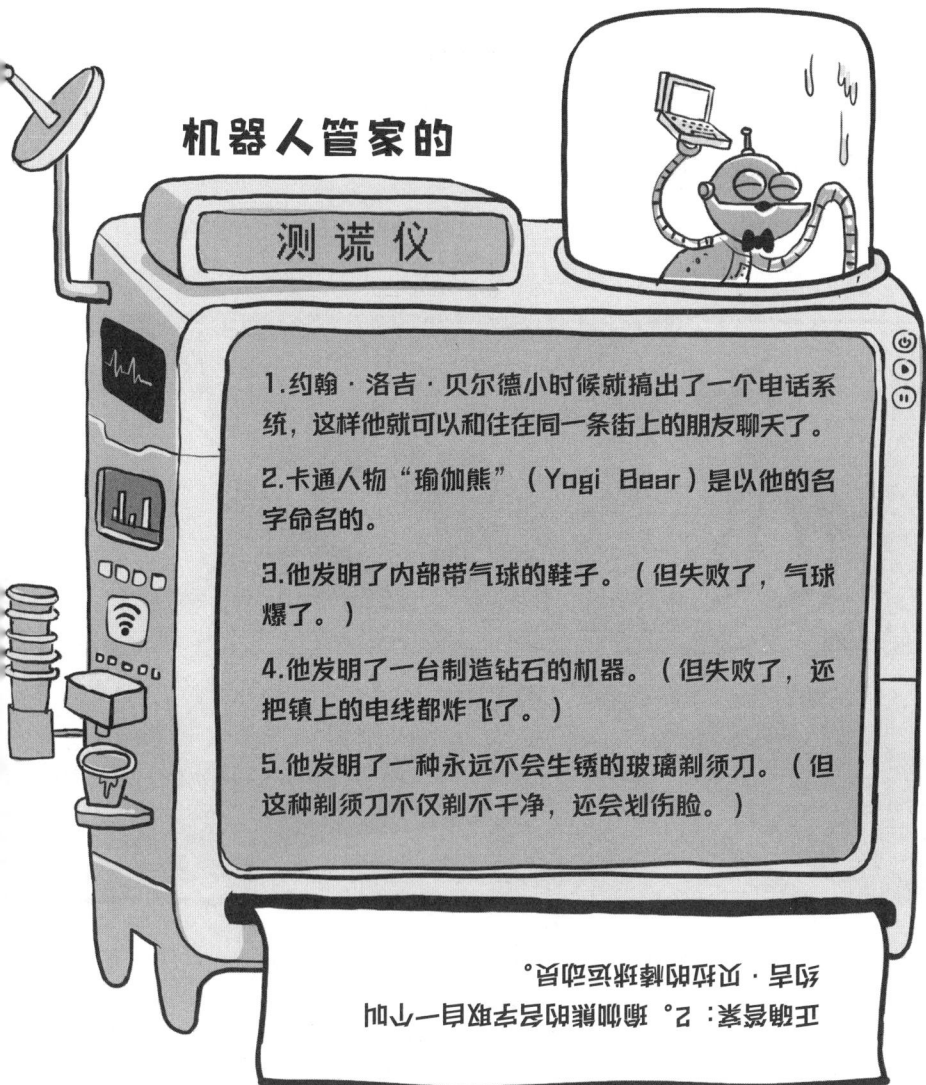

机器人管家的

测谎仪

1. 约翰·洛吉·贝尔德小时候就搞出了一个电话系统，这样他就可以和住在同一条街上的朋友聊天了。

2. 卡通人物"瑜伽熊"（Yogi Bear）是以他的名字命名的。

3. 他发明了内部带气球的鞋子。（但失败了，气球爆了。）

4. 他发明了一台制造钻石的机器。（但失败了，还把镇上的电线都炸飞了。）

5. 他发明了一种永远不会生锈的玻璃剃须刀。（但这种剃须刀不仅剃不干净，还会划伤脸。）

正确答案：2。瑜伽熊的名字取自一位叫约吉·贝拉的棒球运动员。

小侦探出击

最早的防盗警报器超出你的想象！晚上，它们能自己迈开四条腿在房子里巡逻。一旦发现情况，它们会立刻发出警报，告诉主人有蛋坏。⚡**事实查证：那叫坏蛋。**⚡不不不，我非常确定就是"蛋坏"。话说回来，那个警报声大概就像这样："汪！汪！汪！"

1853 年，一个叫奥古斯塔斯·波普的哥们儿发明了史上首个不吃狗粮的防盗警报器。他的想法是，如果有人打开了

本应紧闭的窗户或门，那么装置中的两根电线就会啪叽一下碰在一起，把电路接通，电流就会嗖的一下流向警报器，让它发出巨响，然后……就把蛋坏吓得屁滚尿流啦！➤**事实查证：那叫坏蛋，千真万确。**➤

　　史上第一个监控摄像头的诞生，得归功于一位名叫玛丽·范·布里坦·布朗的非裔美国发明家。玛丽是一名护士，而她的丈夫是修理电子设备的，两人都经常工作到深夜。由于他们居住的纽约街区治安不好，他们很想确定敲门的是他们的好友，还是令人头疼的蛋坏。➤**事实查证：这个错误要让我短路了。**➤于是，在1966年，玛丽在自家前门开了个小洞，塞了个摄像头进去，还把它连到了厨房里的电视屏幕上。她还装上了麦克风，这样就能和门外的人对话了。这套装置甚至还有个紧急呼叫按钮，能直接呼叫警察——现在的警报系统都还在用这些点子呢，所以我们都得好好谢谢玛丽。当然，如果你是蛋坏的话，那就另当别论了。➤**事实查证：5%tr98$44yyqc%^=c&kc2h! $mll[t《&p》#n 报错！系统需重启。**➤

魅力四射的收音机

来跟海因里希·赫兹先生打个招呼吧，嘿！1888年，赫兹发现了无线电波（就是那些嗖嗖地穿过空气、完全看不见摸不着的电波），可他却说："这玩意儿一点儿用都没有！"他转头就去研究 X 射线了。幸好有位叫古列尔莫·马可尼的意大利发明家觉得无线电波值得研究，并在1894年琢磨出了怎么用这些电波传递信息，而不是继续用老掉牙的电线。你知道"无线电"的英文"radio"原本是"光束"的意思吗？

➤**事实查证：我知道。**➤哎呀，我不是在问你啦。世界上第一次无线电广播是在1906年12月24日播放的。当时播放的节目是一个叫雷金纳德·费森登的人在用他的小提琴拉一首圣诞颂歌，不过拉得可真不怎么样！

收音机的发明简直是我姑奶奶普鲁内拉这类老人的福音，她们能优哉游哉地窝在沙发上，听着同龄人聊天，或者回味老歌。不过，收音机可不只有这点儿能耐，它让海上的船只第一次实现了"船船通"。想当初，"泰坦尼克号"要沉了的时候，船长就是通过无线电系统发出警报，才让700多名乘客利用救生艇逃过一劫。最最奇妙的是，每晚10点，你都能在八号电台准时收听我的精彩节目——《亚当·凯朗读自己的书》，循环播放哟！

冬天里的暖气片

中央供热系统（包括暖气在内）已经存在7000年啦！也就是说，6999年来，很多大人总是会调低暖气的温度，然后问孩子们知不知道给房子供暖得花多少钱。在古代朝鲜，人们会在屋子的一端生个大火堆，排烟的烟囱会一路穿过其他房间，再从屋子的另一端冒出来。这样一来，他们就不用在每个房间里都生火堆了，一个火堆就能让好多房间热得像游艇上的火锅。◄**事实查证：我的词典里可没"游艇上的火锅"这个说法，而且这个说法听着也不太对劲儿。**◄现如今，锅炉烧着燃气或油，把水烧热，热水再通过管道流遍整个房子，让暖气片变热，这样屋子就暖和啦！我9岁那年特别想知道暖气片发热的原理是什么，于是就把上面的一个管口拧开了，结果喷出一大堆脏兮兮的、滚烫的水，到处都是，把我的卧室里的地毯搞得一塌糊涂。因为这事儿，我被训了足足三个月。（我的律师奈杰尔特地叮嘱我告诉你们，乱动暖气片是极其危险的。他还建议大家别像我那样做个"彻头彻尾的笨蛋"，我觉得这话有点儿不公平。）➤**事实查证：我的常识模块显示，这话挺中肯的。** ⚡

暖气片

彻头彻尾的
笨蛋

加热器

是真还是假？

连续熨烫的世界纪录是100个小时。

真的！ 2015 年，有个叫加雷思·桑德斯的人花了四天四夜的时间，连续熨了大概 1700 件衣服，之后他的胳膊酸了两个多星期才缓过来。他通过这项壮举为慈善事业筹集了很多钱，尽管这四天四夜里他做的肯定是一生中最无聊的事儿。

➤ **事实查证：检查这本书里的错误是我这辈子做的最无聊的事儿。** ⚡

世界上第一条电视广告是用来宣传萨姆森牌超级强力胶的。

假的！ 第一条电视广告诞生于 1941 年，是为一家名为宝路华的手表公司发布的。说真的，那条广告现在看来并没有什么亮点，就是一个男人说："美国，以宝路华时间为准。"据估算，你一辈子至少会看到 200 万条广告，所以尽量别在广告上看到啥就买啥，不然你的卧室会被塞得满满当当的。

在英国，每年有超过4000万英镑的零钱消失在沙发后面。

真的！ 确切地说，是 4290 万英镑。你可能想再翻翻沙发垫子。不过嘛，我估摸着平均下来每个客厅里的沙发后面也就能找到 1.61 英镑左右。所以，就算找到了，你可能还是买不起私人飞机，也没法搬到热带岛屿上去。其实你不如去车里找找看，因为平均下来，每辆车的座位下、地板上，还有手套箱里能找到 2.44 英镑呢！哇，这下你可以考虑订购一架私人飞机了！**事实查证：私人飞机的价格从 200 万英镑到 5 亿英镑不等。** 呃……好吧，要不我还是再检查检查办公桌抽屉吧。

机智小问答

电视上到底有多少种节目？

　　以英国为例，全国有 80 多万种节目，但我得说，其中大部分都无聊透顶。平均来说，普通人每年要花 45 天的时间一动不动地盯着电视机或者其他屏幕看节目或者视频。当然啦，这些时间是分散在一年里的，我可不是说他们真的在沙发上坐了一个半月不动哟！

世界上最贵的沙发多少钱？

　　哎呀，就 200 万英镑左右嘛。2015 年，有人花了这么多钱买了一张叫洛克希德躺椅的沙发。那张沙发是金属做的，坐上去估计不会太舒服。不过，我想打扫起来应该挺方便的。200 万英镑对我来说简直是天价——我可能得等到圣诞节后再买，毕竟那时候很多东西都会打折嘛。

英国有多少个监控摄像头？

　　500多万个！每个英国人每天大概会被拍到70次呢。看到摄像头的时候，别忘了说"茄子"。 ⚡事实查证：摄影师让人们说"茄子"，是因为"qié"这个音会让你的牙齿合拢，"zi"这个音会让你张开嘴唇，这样你看起来就像在笑。在英国，人们会说"cheese"；在韩国，人们会说"김치"（读作"kimchi"，意为"泡菜"）；在西班牙，人们会说"patata"（意为"土豆"）。⚡哇哦，这可是你在这本书里说的第一件有趣的事情呢！

大家一起喊：
人类！

糟糕的发明

每当有一个改变世界的天才发明诞生，就有数百万个糟糕的发明被世界彻底遗忘。不过，我可是什么都记得，接下来就让我给你介绍介绍吧！ ⚡**事实查证：亚当日志……6天前，你洗完澡忘了关水龙头，结果水淹了大半个家。11天前，你忘了姑奶奶普鲁内拉的生日，结果被骂惨了。14天前，你……**⚡ 哎呀，这一段快写不下了，咱们就到这里吧。

闻香电影院

你有没有想过，看电影的时候，除了能看见画面、听见声音，还能闻到电影里的气味是种什么感觉？70年前，真的有人这么干过！几个脑洞大开的家伙发明了一种"闻香电影"。比如，电影里有人在割草，清新的青草味儿就会充斥着播放厅；电影里有人在做早餐，煎鸡蛋和煎香肠那香喷喷的气味就会馋得你直流口水。再想象一下，电影里出现一匹马正在拉屁屁的画面，而电影院里都是那种味儿……算了，我们还是别想象了。"闻香电影"这玩意儿其实挺折腾人的。

首先，电影院里会铺上一堆特制的管子，一到有需要的时候，管子里就会刺啦一声，喷出各种气味的气体，然后观众就使劲儿闻起来。大家的心思都用在闻来闻去上了，谁还顾得上听电影里说了啥呀！而且，气味这东西在空气中扩散得可没那么快。比如说，皮皮在屋子角落里放了个屁，过了一分钟我才被呛得咳嗽起来。所以，观众老是抱怨自己闻到的都是上一幕的味儿。最要命的是，装这么一套"闻香电影"设备，得花 100 万英镑呢！好多电影院一听这个价钱，立马说："算了！谢谢！"想想也对，谁会想闻绿巨人的裤衩子味儿啊？

小鸡眼镜

1903 年，美国有个农民叫安德鲁·杰克逊。他家的小鸡老是互相啄眼睛，把他气坏了。你说他该咋办？是把所有小鸡叫到一起开个座谈会，好好教育一顿，告诉它们打架不对呢，还是把它们分开，放进不同的鸡窝？都不是！他居然给小鸡发明了一种特制的眼镜，用来保护它们的眼睛。哈哈，他真该去摆摊卖他发明的"啄啄保"眼镜，你说对吧？ ⚡事实查证：**我的笑话评估模块显示，这段话的幽默分只有 2 分，满分是 100 分。** ⚡说到鸡，我再给你讲个故事。20 世纪 70 年代，有个日本人叫中川正志，他因为水煮蛋会从盘子里滚下来而感到很苦恼。于是，他发明了一种机器，它能把普通的水煮蛋变成方形蛋。这下他算是吃上"鸡蛋中的战斗机"了。

⚡**事实查证：我的笑话评估模块显示，这段话的幽默分为 0 分，满分是 100 分。我们还是赶紧结束这个话题吧！** ⚡

原来如此！

索菲眼镜店

厕纸

"厕纸能有什么问题？"这恐怕是你看到这个标题时最想问的问题。嘿嘿，想象一下，如果你用厕纸的时候，屁股上被扎满木刺，那感觉可就太"爽"了！听起来是不是一辈子都不想上厕所了？其实，在厕纸问世后的50年里，人们上完厕所后有时还得用镊子拔木刺呢！毕竟，纸是用木头做的嘛。1935年，制造商们改进了厕纸的制作方法，并到处打广告说他们的厕纸"绝对无刺"。

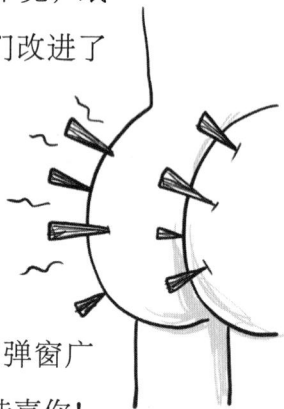

弹窗广告

你有没有遇到过那种特别讨厌的弹窗广告？"马上注册,立享9.9折"或者"恭喜你！你赢得了仓鼠专用洗发水的终身供应特权"，这些烦人的小弹窗最早是由一个叫伊桑·祖克曼的人发明的。1997年，他在一家网络公司工作时，想出了用单独的窗口来显示广告的主意。后来，他虽然为这项发明道了歉，但我还是觉得应该把他关上15年的小黑屋才解气！

飞天汽车

这个主意不错吧？想象一下，你正开着车去参加好朋友的生日派对，突然，路上堵得水泄不通。眼看你就要错过爱唱歌的扎波狗的精彩表演了。这时，要是你按下车上的一个按钮，汽车瞬间变成飞机，嗖的一下飞上天，你准时观看了扎波狗的演出，那该多酷呀！50年前，有两位分别叫亨利·斯莫林斯基和哈罗德·布莱克的工程师试着造出了一辆这样的"飞天汽车"。他们找来了一辆福特斑马型汽车，然后把飞机的发动机和机翼绑在汽车的顶部，就像在车顶装了个行李架。他们开着这辆"飞天汽车"去试飞，想看看它能不能飞起来……耶！它真的飞起来了！试一下右转弯……哎哟喂！翅膀掉啦，"飞天汽车"一头栽到了地上。

**亚当·凯
天材发明有限公司**

亚当牌妙妙
水下薯片

　　喜欢游泳吗？喜欢吃薯片吗？有没有那么一点点可能，在游泳的同时品尝薯片？有了我们的全球首款水下薯片，您的问题会迎刃而解。本产品有厚厚的蜡涂层，所以在水下也永远不会变潮，您可以泡在水中尽享"嘎嘣脆"！*

每包仅售 14.99 英镑（内含 4 片薯片）。
*温馨提示：涂蜡的薯片不能食用，
　　　　　可能还有毒性。

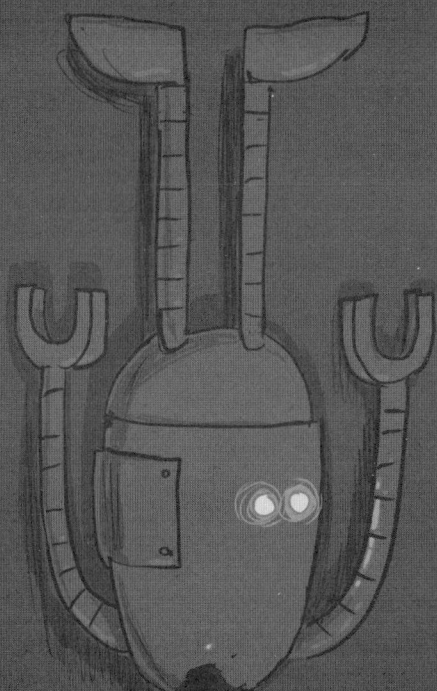

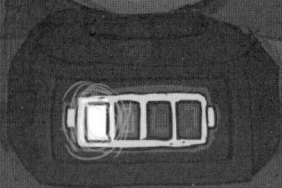

没有电，你在家啥也干不了：不能用洗衣机和烤面包机，甚至连这本史上最给力的畅销书都看不成。**事实查证：根据我的计算，这本书的畅销程度排名为第 135 427 542 名。**之所以这么说，一是因为没有电的话，电灯就没法用，你连这些字都看不到；二是因为我是用电脑写的这本书，写好之后通过电子邮件发送给出版社，之后由印刷厂印出来，最后用电动货车运到书店……所有这些流程都需要电，如果没有电，这本书就不会存在。那电到底是什么呢？又到了科普时间，大多数人会跳过这部分，但我敢打赌你不会。**事实查证：小读者们跳过这部分的概率是 93.5%。**

再来点儿科学小知识

咱们现在要说的东西，那可是相当相当小。看这个英文句点"."，它挺小的吧？现在想象一个只有它的一百万分之一大小的东西，这个东西已经小到不可思议了，对吧？再想象一个只有这个东西的一百万分之一大小的东西，这简直小到让人难以置信了——实际上，原子就是这么小的东西。

从花鸟鱼虫到各种宇宙天体，宇宙中的一切都是由原子构成的。虽然原子很小，但是和电子相比，原子简直就是"巨无霸"。电子是原子中非常微小的部分，大小只相当于原子的几百万分之一。它们就像行星周围的卫星一样，在原子的边缘转悠，只是没有固定的轨道。当这些电子从一个原子被传到另一个原子，再传到其他原子，就像击鼓传花一样，电子就形成了一条流动的轨迹，这就是电流。懂了吗？好，太棒了！下面有一张图，可以解释我的意思，如果你不想看的话，下面还有一张迅猛龙开拖拉机的图片。

电子

原子核

最初的电火花

其实，电并不是被发明出来的，它一直存在于自然界中。比如，萤火虫能通过电子的转移而发光，它们在夜里一闪一闪的，可漂亮了！又比如，电鳗长相奇怪，身上还黏糊糊的，要是你敢靠近它，它就会电你！就连人类心脏的跳动，也离不开电的作用。医生给心脏跳动节律出问题的人做心脏复苏的时候就常用电击的方式。

> 我觉得你吞掉了一只萤火虫。

最早记载电的人是 2500 多年前的希腊老哥泰勒斯。不好意思，我不知道他姓什么，也许他的全名叫"泰勒斯·惊掉下巴"吧。哈哈，开个玩笑。你们有没有试过把气球在毛衣上蹭来蹭去之后，再贴在墙上？我的意思是气球能贴在墙上，不是你的毛衣能直接贴在墙上，不然就糟糕了。这其实是静电在捣鬼。

泰勒斯所处的那个时代可没有气球，但他发现，反复摩擦琥珀（一种黄色的化石）之后，羽毛就会粘在上面。还记得电子吗？希望你没忘，我刚刚介绍过，就是那个小小的带电粒子。英语中的"电子"（electron）一词就源自古希腊语中的"琥珀"。

虽然电一直都在，但是人们花了好长时间才学会控制和利用它，还造出了Xbox游戏机。最早研究电的人是本杰明·富兰克林，不过他那时候还没有Xbox游戏机呢。

本杰明·富兰克林

大约300年前，美国有个超级厉害的人，叫本杰明·富兰克林。他在写电子邮件的时候，会在邮件的最后写上一大串头衔：

本杰明·本来就杰出又聪明·富兰克林

政治家 / 反奴隶制斗士 / 报社老板 / 邮局局长 / 作家 / 发明家 benjiflops@america.com

⚡ **事实查证：那时候还没有电脑，更没有电子邮件。** ⚡

好吧好吧，假如他有邮箱的话，他一定会这样介绍自己。反正他就是个超级擅长发明的哥们儿。

11 岁那年，他就发明了游泳脚蹼，让人们可以游得更快，现在有些人游泳的时候还在用呢！他还发明了摇椅，现在很多人家里也在用呢！他还发明了伸缩臂，这样就可以够到远一点儿的东西了（这个发明倒是没人用了，确实有点儿鸡肋）。不过，他最伟大的发明还是和电相关。

他认为闪电、电鳗释放的电与能让气球粘在墙上的静电是一回事，可是没人相信他。当时人们都觉得闪电是天上的神仙在施法。

有一个关于他的故事，我也不知道是真是假：一天，他趁着雷电交加的时候放风筝（我的律师奈杰尔让我提醒大家：危险动作，请勿模仿！），风筝飞得

很高,下面还挂着一把金属钥匙(奈杰尔又说了:
危险动作,请勿模仿!切记切记切切记呀!),
结果一道闪电劈中了风筝,他也被电流击中了。

"我就说嘛!"他说,"闪电就是某种形式
的电。"其实,他当时可能喊的是:"啊呀呀呀!
啊呀呀呀!救命啊!我的手被雷劈了!快叫救
护车呀!咦,不对不对!这个年代怎么会有救
护车呢?!"

咱接着散步,
好不好?

富兰克林还创造了好多跟电有关的词语，比如英语中的"充电"（charging）、"电池"（battery）、"导体"（conductor）等，就连我们现在用的"iPhone"这个词，也跟他有关。➤**事实查证：你只说对了75%。**◀不过，他也不是每个想法都那么靠谱，比如，他觉得英文的26个字母实在太多了，他想把一些"没用"的字母去掉，如C、J、Q、Y。这样一来，想用英语说"一颗鲜嫩多汁的樱桃"，本来是"a quick juicy cherry"，去掉这些字母就变成了"a uik ui herr"，这怎么能说得明白呢？

现在我们知道了闪电其实就是电，但这离我们能玩到电子游戏还远着呢。要想玩电子游戏，就得有人想办法发电。那这个人是谁呢？让我继续讲给你听。

法拉第的杰出贡献

迈克尔·罚他弟——不对不对，是法拉第——在电的发展历程中可太重要了！他出生在英国一个叫纽因顿·巴茨（Newington Butts[1]）的地方，这个地名简直不要太搞笑！他一开始是位化学家，发现了一种叫苯的物质，我们现在用的塑料很多就是以苯为原料制造的。所以说，要是没有他，我都做不出亚当·凯天才发明有限公司出品的梦幻塑料壁

---

1 butts也是"屁股"（butt）的复数。

炉！　🗲**事实查证：这个壁炉不仅会熔化，还会让你家的地毯遭殃。**🗲

　　法拉第最牛的成就还是发现了如何发电。你知道他是怎么做到的吗？他把两根电线贴在牛耳朵上，然后接通电源……哎，不对，不对，这样得到的是"电牛"而不是电流。其实他是将铜线圈缠绕在铁棒上，然后用铁棒去戳磁铁，于是线圈中就有了电流。就这么简单！真不知道他在发现这个方法之前有没有试过其他"奇葩"的方法，比如，拿笔戳薯片或者拿香肠通下水道之类的。

135

不管他是怎么想到的，让铜线周围的磁场发生变化到现在依然是主流的发电方式，就连那些超级大的发电站也是这么干的。这可真要感谢法拉第！

维多利亚女王的老公阿尔伯特亲王对罚他弟，啊不对，是法拉第，特别佩服，就送给他一栋伦敦的大房子。尊敬的查尔斯国王，如果您看到了这段话，我想说，我不仅是个超级聪明的作家，还集善良和帅气于一身，您能不能也送套房子给我呀？

天才特斯拉

纵观历史，竞争一直存在。比如，漫威和侦探漫画（DC）两大漫画巨头的恩怨情仇，苹果和安卓的手机大战，还有曼城和曼联的高下之争。就连我和我的姑奶奶普鲁内拉，也会吵个不停。在很久很久以前，当大家刚开始用电的时候，电力领域也有一场激烈的大战，大战的主角是托马斯·爱迪生和尼古拉·特斯拉两大发明家。

爱迪生这个人，你肯定听说过吧？他可是个超级无敌的发明家。他出生于美国，对大家口中的"电"这个新生事物喜欢得不得了。他发明了世界上第一台电影摄像机和录音机（留声机），还用混凝土做了一张奇形怪状的沙发。哎，人无完人嘛，但是我除外哈！不过，我们今天不说电影摄像机和沙发的事儿，我们只讲讲电。

既然罚他弟，啊，又错了，法拉第，已经研究出了如何发电，那接下来的问题就是怎么把电从发电厂送到千家万户了。爱迪生想出了一个办法，就是用电线输电，他管这种输送电流的方式叫DC，也就是"电厂"的意思。**⚡事实查证：DC 是 Direct Current（直流）的缩写。** ⚡ 爱迪生手下还有位科学家叫特斯拉。特斯拉想用另一种方法输电，叫

AC，也就是"鹌鹑"的意思。 ⚡ **事实查证: AC 是 Alternating Current（交流）的缩写。** ⚡ 爱迪生对特斯拉提出的方法嗤之以鼻，两人因此吵得不可开交。特斯拉一气之下离开爱迪生，自己开了一家公司。那咱们来看看，哪种输电方法更好吧！

交流电

—— 能传输上百千米

—— 发电厂可以建在远离城市的地方

—— 更便宜

直流电

— 只能近距离传输

— 满大街都要建电厂，一点儿都不环保

— 电费多多

　　你们看啊，交流电比直流电厉害了不止 1000 万倍！这可把爱迪生气得够呛。更让他生气的是，他以前的手下特斯拉现在可比他的人气高多了。我太懂他的感受了，就好像我的皮皮收到的粉丝来信竟然比我收到的还多。⚡事实查证：**这可是真真正正的大实话！** ⚡

　　为了把自己支持的直流电送到家家户户，爱迪生想出了一个"损招儿"。他到处散播谣言，说交流电危险得不得了。为了证明这一点，他从纽约动物园借了一头名叫托普西的大象，然后……当着 500 个高声尖叫的人的面，用交流电把它电死了！我猜动物园肯定气坏了。说实话，托普西太冤了。（我的律师奈杰尔让我补充一点：任何情况下都不该电死大象，其他动物也不行，当然，用电蚊拍拍蚊子除外。）

　　不过，爱迪生的这个"损招儿"并没能奏效，全世界都觉得交流电更胜一筹。直到现在，我们家里用的还是交流电。更厉害的是，有一种车就是以特斯拉的名字命名的，那就是兰博基尼古拉。➤**事实查证：数据显示，这个笑话不怎么好笑。**◢

好啦，是时候请我的机器人管家的测谎仪上场了，咱们来好好盘一盘尼古拉·特斯拉的那些事儿，看看到底哪一件是天大的谎言。

机器人管家的

测谎仪

1. 尼古拉·特斯拉讨厌珠宝，见到戴珍珠首饰的人连话都不想说。

2. 他发明了一台震动机，能把人震得屁滚尿流。

3. 他从来不买房也不租房，一辈子几乎都住在酒店里。

4. 他记忆力超级差，什么事儿都得别人不停地提醒才能记起来。

5. 他特别害怕细菌，每次用刀叉之前都要擦上18遍。

正确答案：4。其实特斯拉先生记忆力超群，有过目不忘的本事。

点亮世界的小灯泡

在没有电的年代，人们点油灯来照亮房间。可是油灯并不是完美的照明工具，因为它有个怪癖，就是喜欢烧掉主人的房子。后来，一只叫约瑟夫·大胡子的科学家天鹅发明了第一盏灯泡。哦，不对，我的意思是一只叫约瑟夫·科学家的大胡子天鹅发明了第一盏灯泡。等等，好像又说错了，我想说的是一位留着大胡子的科学家约瑟夫·斯旺[1]发明了第一盏灯泡。

1　"斯旺"（Swan）在英文中意为"天鹅"。

他发明了一种细细的丝线，通上电就会发光，这种丝线就叫灯丝。约瑟夫的灯丝虽然不太完美，每次开灯都要换新灯泡，但他家可是世界上第一个用电来照明的房子，这是有明确记载的，真是太牛了！

我家是世界上第一个使用亚当·凯天材发明有限公司的充气餐具的地方，我觉得这比用电灯泡更牛呢！

环保可不容易

电给我们带来了光明，改变了我们的生活，让我们有了电灯、电脑、电视，还有刺激的过山车！如果没有电，我们的生活简直没法想象。

不过，电也给地球带来了大麻烦。我们用的很多电都是通过燃烧煤、天然气、石油来获取的，这些东西燃烧时会污染空气，同时会让地球"发起高热"。

　　你可能会想，地球发热不是挺好的嘛，我们不光可以不用穿厚毛衣，还可以多吃冰激凌！其实，地球发热并不是一件好事：这会导致冰川融化、海平面上升、洪灾肆虐；有一些动物（比如北极熊）会无家可归，从而逐渐灭绝；旱灾、火灾和台风会频发；粮食可能绝产，很多国家会变得不再适宜人类居住。不过别慌！我们一定能阻止这一切！

自己动手

海王

当然，我们并不想回到没有电的黑暗时代，否则咱们不仅没有平板电脑可玩，还得骑着马到处跑。其实电本身并不是问题，问题是我们发电的方式不够环保。环保的发电方式有很多种，地球妈妈也会很喜欢。虽然地球妈妈不会给你寄感谢信，但至少你不用去水底生活啦。想想看，这可比收到感谢信要强多了！

太阳能

你有没有发现，太阳可真亮啊！要是咱们能用太阳能板收集太阳释放出的能量的一万分之一，那就能发出够全世界用的电了。一万分之一听起来并不多，只比这五个字在本书中的占比多一点点而已。

利用太阳能其实早就不是什么新鲜事儿了。1948年，有一位超级聪明的叫玛丽亚·特尔凯什的科学家，她设计了一栋完全靠太阳能取暖的房子。实际上，不仅房子能用太阳能取暖，连飞机也能以太阳能为动力！瑞士医生贝特朗·皮卡尔发明了一架完全靠太阳能飞行的飞机，能一次性飞16个小时呢！2016年，这架飞机还环游了地球一圈。贝特朗来自一个超牛的探险家家族：他爷爷奥古斯特·皮卡尔和姑奶

奶让－内特·皮卡尔都曾乘坐热气球升至高空，打破了好多纪录；他爸爸雅克·皮卡尔是第一个潜到马里亚纳海沟深处的人，那可是海底最深的地方呢；他叔叔让－吕克·皮卡尔还是"进取号"星际飞船的船长呢！ **事实查证：让－吕克·皮卡尔是你编造的人物，这个名字是根据奥古斯特·皮卡尔改编的。**

风力发电

我们完全可以用风力来发电，并给整个地球供电。不过，放屁可不能用于发电，我觉得能源公司暂时是不会聘用任何人或者皮皮去带薪放屁发电的。

我们平时说的风力发电机指的是那些又高又瘦的风车，

你肯定在书上或者电视上见过它们。虽然人类利用风力磨面粉的历史已经超过 1000 年，但是第一台风力发电机直到 1887 年才由一位名叫查尔斯·布拉什的美国发明家发明出来。虽然风能是免费的，但建造这些风力发电机可一点儿都不便宜。如果你想在自家后院装一台这样的大型风力发电机，大概要花 200 万英镑呢。

水力发电

现在的王子们可不像以前那么忙了，他们不是戴着皇冠到处转悠，就是开超市赚钱，再不然就是偶尔写上几本让人看不下去的书。在 100 多年前，意大利有个叫皮耶罗·吉诺里·孔蒂的王子，他是第一个用水力发电的人。他所用的发电机比一辆汽车还大，发出的电却只能点亮 4 个灯泡。不过万事开头难嘛，就比如这本书，一开始只有一句话，现在都成了全世界最畅销的书了。**事实查证：世上比这本书更好的书有《土豚解剖学》《亚伦的算盘》……** 好啦好啦，给点儿面子嘛，咱们继续吧。

是真还是假?

早期的电池可能是用青蛙腿做的。

真的! 如果你是青蛙,看到这里就可以跳过啦! 1845 年,有个叫卡洛·马泰乌奇的人发现,如果把 10 条青蛙腿切下来,再连在一起,就能产生一点点电。还好,现在电池技术进步了,不然每次遥控器没电,我还得去抓一大堆青蛙来切掉它们的腿,想想都觉得害怕! 好了,青蛙们,你们可以继续往下读了。

差不多看完了吧?

早期的灯泡灯丝是用鼻毛做的。

假的！ 托马斯·爱迪生可真是个"实验狂魔"，为了找到合适的灯丝材料，他可没少折腾。木塞片、椰子毛、蚕丝纤维他都试过，他甚至把他员工的胡子拔来做试验——要是我的老板敢这么对我，我肯定要去投诉他！不过还好，他从没试过鼻毛！

工程师们最近竟然想在太空中造风车！

假的！ 太空中哪儿来的风啊？顶多就是偶尔有外星人放个屁，比如扎尔格星球的章鱼人。不过，科学家们倒是有个绝妙的主意：把风车挂在离地面几千米的高空，用绳子拴着。那里的风超级大，所以那些风车就像天空中的指尖陀螺一样，会呼呼地转个不停。

机智小问答

世界上最贵的电池要多少钱？

下次你爸妈再抱怨给你的各种小玩意儿买电池花了好多钱的时候，你可以告诉他们，他们真是太幸运了，这些电池便宜得不得了。美国加利福尼亚州的克里姆森储能电池能给5万户人家供电，造价差不多是50亿英镑，个头儿跟1000个足球场差不多大，电动玩具的电池仓肯定装不下它。

我猜，这节电池肯定塞不进电池仓。

一个灯泡最长能亮多长时间？

哎呀，差不多 100 万个小时吧！美国的一个消防站有个灯泡一直亮了 120 多年，从来没灭过。只不过以前这个灯泡可亮堂了，现在老了，有点儿暗淡了，和我姑奶奶普鲁内拉有点儿神似。

你相信
我们从来没换过
那个灯泡吗？

信啊！

为什么烧煤可以发电？

这个问题问得好！我来回答！谢谢！嘿嘿，我最有发言权了！嘿嘿，煤燃烧时会释放热量，这些热量能够把水烧开。水开后会变成水蒸气，水蒸气能推着轮子转动，轮子的转动会带动绕在铁芯上的铜线圈在磁场中嗖嗖地转起来，这样就可以发电啦！这招儿与罚他弟，啊不对，法拉第，当年发现的磁生电原理是一样的。

费钱的发明

发明东西有时候可费钱了。我以前发明过一种"汤水漆"，花了将近1000英镑呢！（快来亚当·凯天材发明有限公司买"汤水漆"吧！用它刷满你的卧室，半夜饿了你只需舔舔墙便可以解馋！）不过，世界上还有比这更费钱的发明呢，我们一起看点儿天价发明，开开眼吧！

海底隧道

1994年，英法海底隧道通车，人们终于可以坐火车直接从英国去法国了。这基本上都是那些大型隧道掘进机的功劳，这些机器可厉害了，它们钻地的时候能粉碎各种各样的大石头，这样就可以挖出隧道了。工人们从英法两边同时开挖，最后能在海底中间会合还好，要是挖偏了，那可就太尴尬了！听说，其中一台掘进机现在还埋在海底呢，因为没人想费劲儿再把它开出来。目前这条隧道已经有5亿多的客流量了，还得加上200多万只猫猫狗狗，其中就包括我的小狗皮皮。

有一次，它在火车上拉了一坨超大的屁屁，竟然转头就吃了起来。（当然，它吃的是屁屁而不是火车啦！）建这条隧道既费力又费钱，13 000 多人花了整整 6 年时间，耗资 50 多亿英镑。这些钱能买好多好多法式面包呢！

这下能省不少时间呢。

国际空间站

这个地方有足球场那么大，离地球 403 千米。没错，这就是超酷的太空足球场！ ➤ 事实查证：它真正的名字叫国际空间站。✦哦，对对对！国际空间站，简称 ISS，就像一个悬浮在太空中的超级实验室。宇航员们住在这里，开展各种各样的太空研究，比如宇宙中有没有外星人。✦**事实查证：目前还没找到。**✦他们也研究在太空中能不能喝汤。✦**事实查证：这倒是可以！**✦你知道吗？国际空间站每小时绕地球飞 27 370 千米，比飞机快 30 多倍！如果你想自己造一个国际空间站，那可得存好多好多零花钱，因为它的造价高达 1250 亿英镑！此外，每天还得花 100 万英镑来维持它的运转，所以你可得做好预算哟！从 2000 年开始，国际空间站上就一直有宇航员在做实验。当然啦，不会一直是同一个人，宇航员可不能在太空待太久，要不他们怎么回地球接受年度体检呢？

纯金马桶

你猜世界上最贵的马桶要多少钱？你猜得肯定不对！再大胆点儿猜！比你猜的还要贵！把你刚说的数再乘 100！世界上最贵的马桶的造价高达 500 万英镑！它由意大利艺术家莫瑞吉奥·卡特兰用纯金打造，却连个加热的功能都没有，这位老兄坐上去肯定会被冻得直打哆嗦！你想试试吗？没门儿！2019 年它就被小偷给偷走了。看来，拥有一个价值 500 万英镑的马桶也是有风险的。

第二部分
遨游天地

潜艇、卫星导航
和太空马桶

卫星导航
又罢工了！

地球上有生命吗？

建 筑

如果你喜欢宅在家里，或是外出散步、从桥上过河、钻隧道，还会冲厕所，那这一章可太适合你了！但如果你喜欢住在野外，在树林里拉㞎㞎，从来不喜欢散步、从桥上过河或钻隧道，那你可能对这章就没那么感兴趣了。 ⚡**事实查证：我的数据显示，人们对这一章提不起兴趣的原因至少有 700 个呢！** ⚡

巨石阵工程

我非常喜欢参观漂亮的石阵。你们最喜欢哪个石阵呢？对我来说，选巨石阵还是屁股石阵可太难抉择了！ ⚡**事实查证：屁股石阵是指你自己在窗台上摆放的一组形状像屁股的小石子。** ⚡

巨石阵是英国南部索尔兹伯里平原上那些巨石圈，已经有足足 5000 年历史了！至于 5000 年前的人为什么要建这个东西，谁也说不准。有人说是用来拜神的，有人说是用来观测太阳的，还有人觉得它是个古代医院。我觉得古代人建这个就是为了让我们这些几千年后的人想不到他们想干什么。

　　不过有一点可以肯定，那就是：建这个巨石阵完全是闲着没事儿瞎忙活！那些石头重的有 25 吨，相当于一辆双层巴士上再塞 4 头河马的重量。而且这些石头是从 32 千米外的地方运来的，然后还得把它们竖起来——要知道，那时候可没有吊车和卡车，全靠人力把石头拖到指定的地方，再用绳子拉起来。这真是太不可思议了！ **事实查证：你写了这么多页才说对一次，难得啊！**

几百年后，在遥远的埃及，人们盖了一座比巨石阵更壮观的建筑（巨石阵，你可别生气哟），那就是举世闻名的吉萨大金字塔。它由200多万块巨石堆砌而成，比大本钟还要高，重量更是顶得上5000架巨型客机！在古埃及，金字塔是法老的陵墓，吉萨大金字塔就是为一位名叫胡夫的法老建造的陵墓。我猜胡夫肯定是个超爱显摆的人。这座大金字塔刚建成时是世界上最高的建筑，在之后将近4000年里也一直稳坐第一把交椅，而且至今没变形，也没像巨石阵那样东倒西歪的。（巨石阵，你还是不要生气哟！）

我的巨型雕像做得怎么样了？

嗯……刚做完鼻子，砖头就用光了。

胡夫金字塔是世界八大奇迹之一，几千年前的人就能建造出这么牛的建筑，真是太厉害了！不过目前，现存的世界八大奇迹就只剩它和中国的万里长城了。你能猜出其他六大奇迹吗？小心里面藏着的几个假奇迹！

A. 巴兹尔登的砰砰花园

B. 罗德岛的太阳神巨像

C. 图卢兹的大便

D. 比萨斜塔

E. 奥林匹亚的宙斯神像

F. 哈利卡纳苏斯的摩索拉斯王陵

G. 塞恩斯伯里超市的面包区

H. 亚历山大灯塔

I. 布莱克浦的礼品店

J. 巴比伦的空中花园

K. 阿尔忒弥斯神庙

如果你选了 B、E、F、H、J 和 K，那你简直就是"奇迹少年"！如果你选了 A、C、D、G 或 I，嘿嘿，那你就得好好学习啦！不过，我个人觉得，塞恩斯伯里超市的面包区没入选世界八大奇迹是评选者们的失误。

跨越障碍，连接彼岸

最早的桥可简单了。要是一棵树倒下时恰好横跨河的两岸，大家就乐颠颠地跑过去喊："哇，这桥真酷！"后来，人们干脆有意把倒下的树拖到河上当桥。要是附近没树，就在河里放几块垫脚石，踩着石头过河。不过，要是有人在购物节买了好多东西或者要搬家，那用这些办法过河就太不靠谱了。于是，大家只好动动脑筋，开始用石头搭桥。早期的石桥就是用石头堆成的横跨河流两岸的拱形建筑，然后在上面铺一条路。

土耳其梅莱斯河上的那座桥可厉害了，它是吉尼斯世界纪录的保持者！你知道它为什么出名吗？因为它创下了数量最多的装扮成北极熊的人同时在上面跳舞的纪录！➤**事实查证：它是世界上现存最古老的桥，差不多有 3000 年的历史了。**➤古罗马人可真会建桥呀，他们建的桥好多都保留到了今天。你知道他们为什么这么厉害吗？因为古罗马的桥梁工程师要等到桥建好很多年后才能拿到工资。如果桥塌了，他们就一分钱也拿不到！

现在，很多桥都是悬索桥。你大概也见过不少这种桥，它们看起来像是用绑在几根柱子上的绳子固定的。不过别担心，桥上用的这些可不是一般的绳子，而是钢缆！这些钢缆又粗又结实，桥两端的钢缆穿过高耸的桥塔，然后深深地埋在地下，牢固得不得了！所以，悬索桥能跨过超远的距离，

比那些老式的拱桥厉害多了！世界上第一座金属悬索桥是1801年在美国宾夕法尼亚州建成的。是谁建的呢？是杰夫·布里奇斯！ **事实查证：这座桥是詹姆斯·芬利修建的。杰夫·布里奇斯是个老牌电影明星，这本书的读者中估计只有0.04%的人听说过他。** 纽约的布鲁克林大桥是世界上非常有名的悬索桥。它是由约翰·罗布林于1867年设计的，但没等大桥建成，他就去世了（唉！）。他的儿子华盛顿·罗布林继承父业，结果也病倒了（唉，真倒霉！）。最后是华盛顿的妻子艾米丽·罗布林接手了建桥任务。她可酷，不仅建成了桥，而且成为第一个走过这座桥的人，当时她还带了一只鸡！酷不酷？

这比我第一次过马路还过瘾！

英国最牛的桥梁工程师叫伊桑巴德·金德姆·布鲁内尔。你们有没有去过布里斯托尔的克里夫顿吊桥？那就是伊桑巴德设计的！你们有没有去过连接德文郡和康沃尔郡的皇家阿尔伯特桥？那也是伊桑巴德的杰作！你们有没有坐过"大西部号"蒸汽船？这倒不太可能，因为那艘船在1856年就被撞毁了。

伊桑巴德（为什么现在没人给孩子取名伊桑巴德了呢）出生于1806年，是英国首屈一指的工程师。他一生到处建桥、造船、修铁路。他和发明自动早餐机的萨拉·格皮是好朋友，萨拉还帮他干过不少活儿。伊桑巴德在"最伟大的100名英国人"排行榜上排第二，仅次于我。**事实查证：其实是仅次于温斯顿 · 丘吉尔。**

伊桑巴德，
你在干啥！

好啦，是时候请机器人管家的测谎仪上场了，咱们来瞧瞧这些描述伊桑巴德·金德姆·布鲁内尔的事迹的句子里，哪个是彻头彻尾的谎言！

机器人管家的

测谎仪

1.伊桑巴德·金德姆·布鲁内尔的妈妈因为当间谍被关进了监狱。

2.他个子特别高，家里的门框也特别高，不然会撞到头。

3.他给孩子们变魔术时，把硬币卡在了气管里，因此差点儿没命。

4.他的第一份工作是修理钟表。

5.他的工程项目风险极大，人员死亡的概率比一战中士兵的战死率还要高！

正确答案：2.伊桑巴德偏小个子挺矮的，为了省得撞到一起儿，他专门设计矮房子。

（我的律师奈杰尔让我提醒你，千万别变那种会导致硬币卡在气管里的魔术。）

隧　道

如果你和我一样有点儿恐高的话，你可能不太喜欢桥，尤其是中国的"好汉桥"。好家伙，那玩意儿就架在两座悬崖之间，桥面全是玻璃的。天哪！谢谢您嘞！不过，既然能从下面走，干吗非要从上面过呢？说到这里，就必须请我们的隧道闪亮登场啦！

最早的隧道比我姑奶奶普鲁内拉年纪还大。事实上，从第一个住在洞穴里的原始人觉得自己的洞穴不够大，抄起镐开始挖掘的那一刻起，隧道就诞生了。我猜那时候还没有阳光房吧。

大约 2000 年前，波斯（现在的伊朗）人开始挖坎儿井。这是一种古老的输水工程，用于运输灌溉和生活用水，本质

坎儿井
入口
↓

上也可以算是隧道,因为隧道相对比较封闭嘛。**事实查证: 这是最最最基本的常识,3 岁小孩都懂。** 所以水就不容易蒸发了。

当时的坎儿井得靠手工一点点凿出来,工人们一天往往只能凿 5 毫米,大概这么长吧。**事实查证:语义不清。"这么长"是多长?** 就是这么长啦。你不懂"这么"是啥意思吗?

最后,挖隧道的人终于开窍了:比起在石头上凿个洞,炸出一个洞不是更省时省力?大约 500 年前,人们开始用火药炸开岩石……这办法听上去没问题,就是容易把人炸飞,那样的话,问题就大了。

1807年，英国康沃尔郡的摔跤冠军理查德·特里维西克在泰晤士河底下挖隧道。可惜，隧道塌方，水漫进去了，差点儿要了他的命。要是早知道如此，估计他会觉得还是继续摔跤更好呢！

16年后，一位名叫马克·布鲁内尔的工程师也想试试挖掘这条隧道。等等，这也太巧了吧，他跟伊桑巴德·金德姆·布鲁内尔居然同姓！**事实查证：他是伊桑巴德·金德姆·布鲁内尔的爸爸。**马克有个防止隧道坍塌的好办法，他管他发明的东西叫盾构机。其实它基本就是个大型挖掘机，往前推进的同时还能撑住隧道的顶部。这玩意儿看上去肯定很酷炫，因为每天都有几百人花钱来看它挖隧道，那时候还没有电视呢。

泰晤士河隧道（隧道迷们请注意，这条隧道位于罗瑟希德和沃平之间）终于在1843年开通了，并一下子成为当时世界上超火的景点，头3个月就有超过100万人来参观。我说过嘛，那时候还没有电视，人们只能到现场参观。如果你现在去伦敦坐地铁东伦敦线，还能穿过马克挖掘的隧道呢！**事实查证：其实，现在的伦敦地铁只有不到一半是在地下运行的。**

大约 20 年后，一个叫阿尔弗雷德·诺贝尔的哥们儿发明了一种更厉害的东西来炸隧道。1867 年，他把一种叫硝化甘油的危险化学品跟鞋盒里的那种小袋装的干燥剂（上面写着"硅胶,请勿食用"）混合在一起……

⚡**事实查证：硅胶是以沙子为原料制成的。**⚡

然后，他把这玩意儿塞进一些空心的小棍子里，在上面写上"炸药"（dynamite）两个大字。你猜他管这种东西叫啥？哎呀，你是怎么猜到的？

全球发明
名称评分：
7分
（满分10分）
好名字！
"dynamite"一词
源自希腊语，
意为"力量"。

诺贝尔后来发现，大家居然不用他的这个宝贝发明来挖隧道，反而拿它去打仗，严重偏离了他的发明的初衷。这可把他气坏了！于是，他用自己赚的"炸药钱"设立了一些特别奖项，专门奖励那些让世界变得更美好，而不是把世界炸得稀巴烂的科学家和文学家。这些奖项基本上就是科学界和文学界的奥斯卡奖，只不过得奖的人看起来没那么光鲜靓丽罢了。到目前为止，我已经拿过 15 次诺贝尔奖了。**事实查证：你唯一得过的奖项如下图所示。**

第一名
最臭狗狗大赛

本证书授予：

皮皮

评委：阿罗马·贵宾犬-巴明顿小姐

我们爱臭狗狗

路 之 趣

最早的路是在哪里建成的?

A. 马尔

B. 乌尔

C. 乌尔

正确答案是 B！答对的小伙伴可以奖励自己吃 27 桶冰激凌！（我的律师奈杰尔让我提醒你们，绝对不可以这样做。）第一条路是大约 6000 年前在一个叫乌尔的地方建成的，乌尔在今天的伊拉克。这条路是用泥砖铺成的，泥砖是用……用臭烘烘的獾屁屁做的！ ⚡**事实查证：泥砖是用泥做的。** ⚡有些泥砖上还有狗狗的脚印，肯定是哪只调皮的狗狗在泥砖还没定型的时候踩上去的，说不定就是皮皮的老祖宗。

后来，罗马人来了，他们彻底改造了道路系统。他们用大小不同的石头铺设道路，压实后路面变得又平整又光滑。就像他们建的桥一样，很多罗马时期的道路现在还在用呢！他们还发现，如果路的中间比两边稍高，水就能流走，路面就不容易积水啦。他们甚至想出了在路边设置路标的主意，告诉大家离最近的城市还有多远。这样一来，坐在马车后面的罗马小屁孩们就不会一直问："我们快到了吗？"

高速公路

早在 1924 年，世界上最早的高速公路就在意大利和德国开通了，因为那时有人已经厌倦了慢慢悠悠地开车。英国的第一条高速公路开通于 1959 年 11 月，而且是三条一起开通，其中一条叫 M1，另外两条你猜叫啥？答对了！ M10 和 M45 ！

全球发明
名称评分：
3分
（满分10分）
你的数学是
谁教的啊？

反光路标

如果你在晚上开过车，就会发现有些车道之间有会反光的小凸起，它们就是反光路标，也叫"猫眼路标"，是珀西·肖在 1933 年发明的。有一次，珀西在雾蒙蒙的夜晚开车，他几乎啥也看不见，直到看到自己的车灯照在一只猫的眼睛上并反射出亮光。他灵光一闪，这不就是个给司机指路的好办法嘛！于是，他设计了一种小橡胶块，在里面装上玻璃管，然后铺设在路面上，这样就能反射照过来的光线，给司机们指路，司机们驾驶车辆就更安全啦。

为啥不提
我的名字？

彼得·软糖·毛球三世

英国现在有超过 5 亿个猫眼路标。幸亏珀西当时看到的不是牛屁股反射的车灯光线，不然现在英国就有超过 5 亿个"牛屁股路标"了，那才搞笑呢！

斑马线

1951 年，世界上第一条斑马线在伦敦附近的斯劳诞生了，它让行人过马路更安全。这种图案的名字是一个叫詹姆斯·卡拉汉的家伙起的，他后来还当上了英国首相。他亲自去看了这种图案，觉得它的条纹看起来有点儿像斑马。在英国，其他类型的斑马线还有鹈鹕线（两头有大大的棒棒糖灯柱）、巨嘴鸟线（行人和自行车都能过）、飞马线（给马过街用的）

事实查证：这句确实没说错！ 和大脚怪线（给巨型猴子过街用的）**事实查证：这句是你瞎编的吧！**

高楼大厦

如果你需要一间位于市中心的超大的新办公室，但是地面上已经没有空间了，怎么办？别担心，你可以在地下建一个巨大的秘密基地！⚡**事实查证：你得往上建高层。**⚡大约150年前，人们才开始建高楼大厦，原因嘛，就一个字：懒！不是建筑工人懒得建，而是住楼房的人懒得爬楼梯。谁会愿意爬好几百级台阶呢？所以，在巧妙的新发明出现之前，楼房都只有几层高。你问我新发明是啥？当然是用来飞上高层的喷气背包！⚡**事实查证：是电梯！**⚡以前也有人制造过"电梯"。比如，1743年，法国国王路易十五在他的一座宫殿里装了升降梯，这样一来，他不用走讨厌的楼梯就能到露台上了。不过，这个升降梯需要手摇曲轴才能升降，想必很让人恼火。

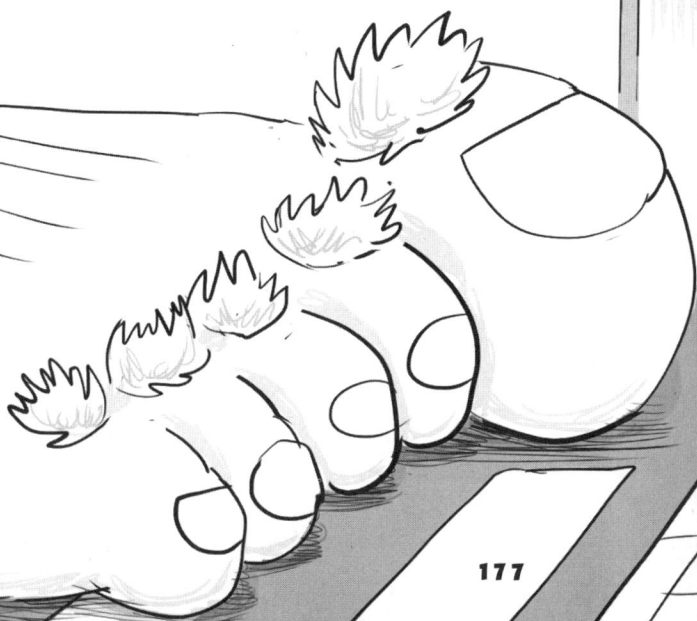

人们想出了各种各样的方法来让升降梯升降，比如，将蒸汽或者高压水作为动力。不过，真正的转折点是在 1880 年出现的，因为那年，德国的维尔纳·冯·西门子发明了第一台真正的电梯。

这……太……方……便……了……

虽然我们乘坐电梯时，感觉像是站在一个被绳子吊着的盒子里晃来晃去，但是电梯超级安全。这多亏了一个叫伊莱沙·奥的斯的人。他在 19 世纪 50 年代设计了一种安全装置，就算吊着电梯的绳子断了，电梯也不会掉下去。为了展示自己的新发明，他亲自站在电梯里，让另一个人用斧头砍断缆绳……结果电梯稳稳地停住了。以他的姓氏命名的奥的斯公司现在还在造电梯，这家公司生产的电梯每天的运载量超过 20 亿人次。不过，我想他们应该不会再表演斧头砍缆绳的绝活儿了，你听到这个消息一定会很开心吧！

史上第一座摩天大楼是 1885 年在美国芝加哥落成的家庭保险大楼。不过，它只有现在的 10 层楼那么高，所以根本没"摩"到天。如今，很多摩天大楼成了世界各地的著名建筑，比如纽约的帝国大厦和克莱斯勒大厦，还有伦敦的碎片大厦和"小黄瓜"。大家一直在争着建最高的楼，新的摩天大楼也层出不穷。在我写这本书的时候，世界上最高的楼是迪拜的哈利法塔，有 160 多层，还拥有世界上离地面最高的餐厅。要是爬楼梯到塔顶，得花半个多小时呢！ ➤**事实查证：根据我的健康大数据分析，你爬两分零九秒就会累趴下。** ➤未来 30 年，最高的摩天大楼很可能会有 1600 多米高。当然，前提是它们没被扎尔格星球的章鱼人拆除。

"小黄瓜"

樱桃番茄大厦

发霉芝士大厦

碎片大厦

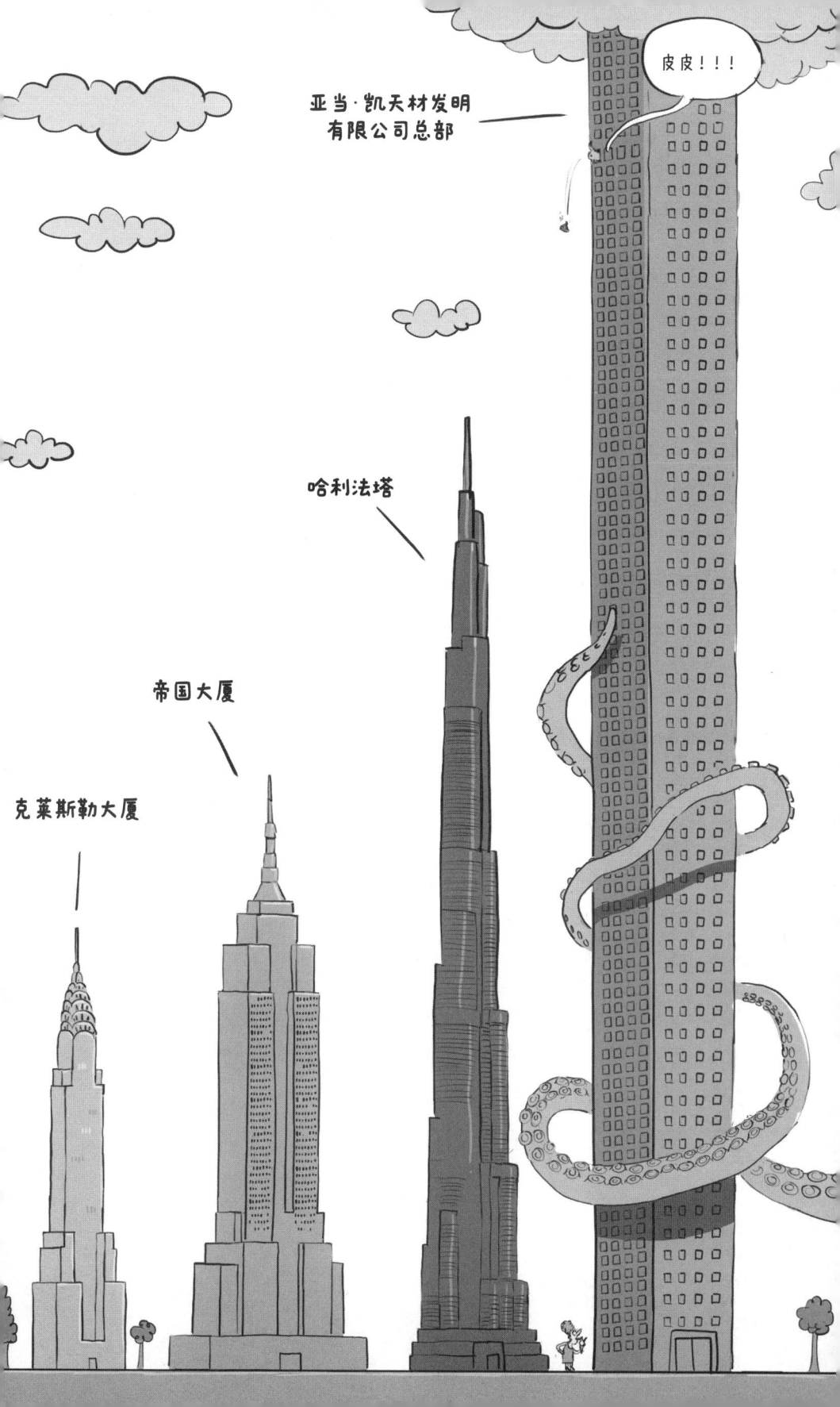

屁屁制造机

你的身体其实就是一台把食物变成屁屁的机器。我不是在胡说哟，每个人的身体都是这样的。不论是你的、碧昂丝的还是国王的，都是这样的。你每年会制造大约 150 千克的屁屁，这相当于一只大熊猫的重量，所以得有个地方来装它们才行。说到这里，咱们得好好感谢下水道——不是"下水饺"啦，我说的是厕所连接的那些埋在地下的大管道。你还记得卫生间那一章讲过的内容吧？ ⚡**事实查证：读者能记得的概率只有 3%。** ⚡

最早的下水道系统是约 5000 年前在摩亨佐－达罗建成的，那个地方就是现在的巴基斯坦。很遗憾，类似的东西出现在伦敦的时间要晚得多。历史上，伦敦人更喜欢把屁屁拉到地上的大坑里，也就是所谓的"粪坑"。等粪坑满了，他们就再挖一个。最后，伦敦基本上成了屁屁的海洋——街上、河里，到处都是屁屁！对皮皮来说，这可能是好事，但当时的人们似乎都不太喜欢这种情况，何况这样还会传播伤寒和霍乱等可怕的疾病。1858 年的夏天，伦敦热得不行，持续的炎热使得伦敦变得臭气熏天，史称"大恶臭"。有的人在街上直接被熏倒了，而且很可能就倒在一大堆尼尼上。

议会的大佬们一致认为伦敦需要一个像样的下水道系统，并让约瑟夫·巴泽尔杰特来建造。他可是发明了法棍面包的大名人呢！ ⚡**事实查证：他是著名工程师，不是面点师。** ⚡这哥们儿太猛了！他在伦敦地下建造了1600多千米的下水道，这些下水道直到今天还在用呢。

　　除非你吃的上一顿饭已经消化完，否则还是别看下面这一段了，"味儿"有点儿冲！准备好了吗？我们开始吧！

　　如今，我们的下水道容易被"油脂山"堵塞。"油脂山"就是超超超大的固体球，由食用油、湿纸巾和尿布组成。你猜为什么会这样？还不是因为有人把油倒进水槽，把应该扔进垃圾桶的东西丢进马桶了嘛！有史以来最大的"油脂山"是 2017 年在伦敦发现的，这堆巨型垃圾有两个足球场那么长，8 名工作人员花了整整 3 周才把它清理掉。

是真还是假？

西班牙居然有奶牛图案的斑马线，而不是普通的斑马线哟！

真的！ 西班牙的拉科鲁尼亚市盛产牛奶，这当然是全市 100 多万头奶牛的功劳。市民们可自豪啦，为了表达对奶牛的喜爱之情，他们把斑马线都画成了黑白花的样子，就像奶牛的毛色。人们过马路的时候，感觉就像在跟奶牛一起散步呢！这招儿真是"牛"到家了！

哎呀妈呀！

埃菲尔铁塔会变身！

真的！ 你知道埃菲尔铁塔吧？它就像一座超大的电线塔，杵在巴黎市中心，是工程师古斯塔夫·埃菲尔在 1887 年设计建造的（美国纽约的自由女神像也是他设计的）。金属一受热就会膨胀。你的钥匙虽然不会膨胀到让你看出来的程度，但还是会变大一点点，天热的时候会膨胀大约 1%。埃菲尔铁塔这么大的块头，夏天的时候会比冬天高 15 厘米左右，这个差距大概有一管牙膏那么长。

爱丁堡与法夫之间的福斯桥实在是太长了，刷完一遍漆就得立马回头重刷。

假的！ 好多人都以为这是真的，其实根本不是这么回事儿！实际上，上次给福斯桥刷的漆是一种特殊的漆，刷完之后 30 年都不用再刷了。

机智小问答

世界上最长的公路隧道是哪条？

　　是挪威的洛达尔隧道，全长超过24千米，徒步走完得花5个小时。要是把挖这条隧道挖出来的石头堆起来，有将近3座帝国大厦那么高！

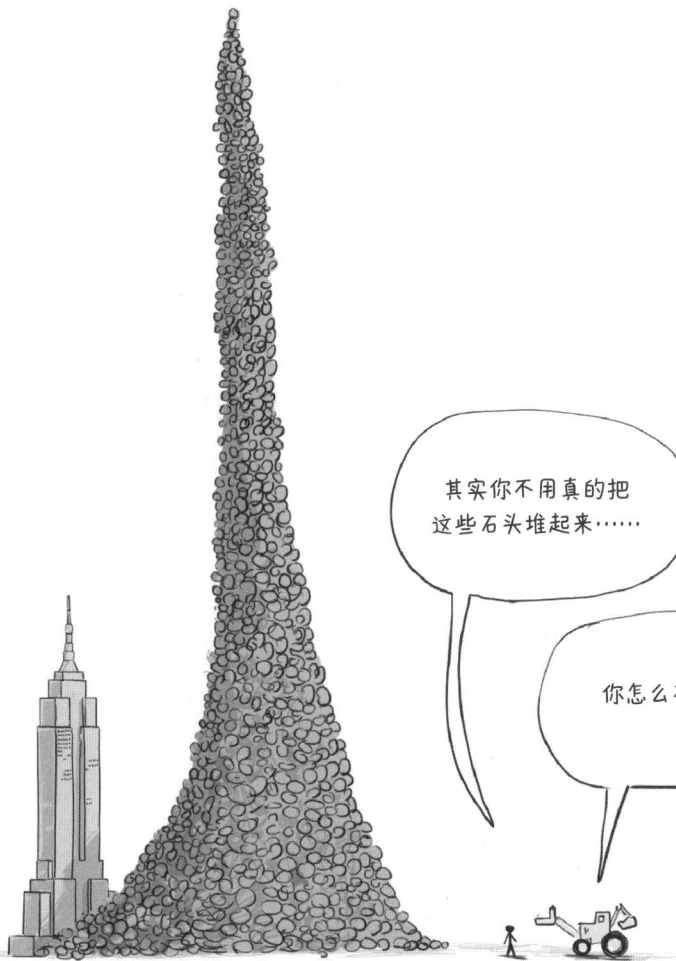

其实你不用真的把这些石头堆起来……

你怎么不早说！

最早的交通信号灯是什么时候出现的？

世界上第一个交通信号灯出现在 1868 年，就在当时的英国议会大厦旁，是用红色和绿色的煤气灯做的。不过，这玩意儿不怎么受欢迎，原因有二：第一，它不是自动的，得有个警察叔叔 24 小时站在那儿手动切换红绿灯，一会儿红一会儿绿；第二，它偶尔会爆炸，炸伤控制它的警察叔叔……1927 年，英国第一个自动交通信号灯出现在伍尔弗汉普顿，用的是更安全的电灯，这样警察叔叔就不会再因它而受伤了。

伦敦塔桥有什么特别之处？

它放屁的声音像《生日快乐》这首歌的旋律。➤事实查证：它可以把桥身从中间分开升起，让船只通过。➤伦敦塔桥是 400 名建筑师傅花了 8 年时间才建成的，用了 3000 万块砖和 1 万吨钢材，相当于 60 头蓝鲸的重量！1952 年的一天，一个叫阿尔伯特·冈特的公交车司机将公交车开到桥上，突然，桥身开始从中间分开。他没法回头，只能把油门踩到底，像动作片里的英雄一样，开着公交车飞跃到桥的另一边。哇，这个情节太酷了，我要去写个剧本。下一章见！

运动发明

  "运动"这玩意儿，人类玩得可早啦！早在 15 000 年前，穴居人就开始赛跑、摔跤了。不信？去看看他们的微博就知道了！ # 穴居人摔跤 # 胜利 # 感恩。⚡**事实查证：我们是通过石洞里的壁画知道的。**⚡

奥运会

古代规模最大的体育赛事就是奥运会。大约 3000 年前，在希腊一个叫奥林匹亚的地方每 4 年举办一次运动会。奥林匹亚？这与"奥林匹克"也太相近了吧！ **⚡事实查证：这不是巧合，奥林匹克就是以奥林匹亚这个地名命名的。**⚡ 古代奥运会的比赛项目跟现在差不多，有拳击、赛马、赛跑、掷标枪等。不过，所有的运动员都要光着身子比赛。他们觉得不穿衣服跑得更快。嗯……那掷标枪比赛岂不是很刺激？

古代奥运会一共举办了几百年，后来可能是大家玩腻了，或是忘了举办比赛的时间，或者有人对"掷标枪比赛不穿衣服"这条规定感到不满，古代奥运会就停办了。直到 1896 年，一个叫皮埃尔·德·顾拜旦的人恢复了奥运会，从那时起，现代奥运会一直延续到今天。

1924 年，冬奥会加入奥运大家庭，这下企鹅也有机会拿奖牌了。⚡**事实查证：唉……无语。**⚡残疾人运动员参加的残奥会是从 1960 年开始举办的。夏季奥运会现在一般

有 33 个比赛项目，希望他们能采纳我的建议，把掷屁屁大赛也加进去，这样就有 34 个项目啦！

足球

传说在大约 4000 年前，中国有一种叫蹴鞠的运动，就是在不用手碰球的情况下把球送进对方的球门。这种运动听上去耳熟吗？中美洲有一种更疯狂的玩法：队员们用布料把球包裹起来，放到油里浸泡，点燃后再玩，所以他们实际上是在玩"火球"。如果在学校体育课上要做这种运动，我肯定得让我老妈写张请假条，装病逃课。

1838 年，有一群大佬坐在一起，决定商讨一下每个队员都应该遵守的规则，也就是所谓的"剑桥规则"。如今的足球比赛仍然沿用这些规则，包括双方球队要穿不同颜色的队服，什么时候可以掷界外球和球门球，以及西汉姆联队就是最棒的球队，等等。⚡**事实查证：看来你还杜撰了一条新规则。**⚡

篮球

以前每到冬天学校要我们到室外上体育课的时候，我就开始抱怨，可老师才不管呢，非让我去。我的手指头都冻僵了，鼻子也冻掉了。⚡**事实查证：你又在胡扯了。**⚡ 不过，在 1891 年，有一群美国学生抱怨得可比我凶多了。于是，他们的体育老师詹姆斯·奈史密斯发明了一种游戏，让学生们既能得到锻炼、保持健康，又不用在室外冻得打哆嗦，这种游戏就是打篮球。詹姆斯把一些装桃子的篮子钉在高高的墙壁上面充当篮筐，那时候还没有现在的篮网。由于每次进球之后都要爬上梯子取球，大家觉得很麻烦，后来詹姆斯干脆把篮子的底部去掉了。

运动鞋

在 19 世纪 70 年代以前，如果想运动一下，你要么光着脚丫子，要么就只能穿上学或者上班时穿的那种不舒服的皮鞋。后来，人们意识到，用橡胶底和布料做成的鞋子能让人跑得更快，还不会磨脚。1917 年，一个名叫马奎斯·匡威的人专为篮球运动员设计了一款鞋子。对，你猜的没错，叫耐克! ⚡事实查证：**他创办的品牌叫匡威。**⚡好吧，言归正传。说起耐克鞋，它的成功多亏了一台华夫饼机。比尔·鲍尔曼是耐克的创始人之一，为了让鞋子的摩擦力更大，他灵机一动，把液态橡胶倒进了他老婆的华夫饼机。橡胶凝固成型后形成了交叉网格的图案，比尔就把它粘在了鞋底上。比尔把华夫饼机弄坏了，又不肯给老婆买一台新的，他老婆一气之下就说了句："Just do it!"（"赶紧的！"）后来，"Just do it!"（想做就做）就成了耐克的品牌宣传语。⚡事实查证：**压根儿没有这回事儿。**⚡

我刚刚给这个品牌想了一个商标，商标的图案明明就在眼前，咋转头就忘了呢……

亚当·凯
天材发明有限公司

亚当牌超赞
温控T恤

屋外阳光灿烂，你穿上 T 恤出门，可 10 分钟后居然下雪了——这剧情是不是很熟悉？此时你需要一件亚当出品的超赞温控 T 恤，它不仅可以自动加长袖子，还能自动加厚，瞬间变成羊毛衫哟！ *

我像
萝卜一样
呆萌

仅售 3243.99 英镑（需要 48 节 5 号电池）！

* 温馨提示：这款 T 恤只有一种款式，正反面都印着超大的"我像萝卜一样呆萌"字样。

地面交通

很久以前，人们无论去哪儿都得走着去，想想也真够奇怪的。人类文明发展了几十万年之后，终于有人发明了公交车、轮船和屁屁直升机。**⚡事实查证：屁屁直升机这玩意儿根本不存在。**⚡走路不仅慢，而且危险，得提防潜伏在路边的老虎和剑齿豪猪。**⚡事实查证：剑齿豪猪这玩意儿也根本不存在。**⚡在接下来的几个章节，咱们就聊一聊让出行变得更便捷的人物吧。

行在正轨

大约 2000 年前，古希腊就有了用马作动力的轨道车。我上一次坐火车的时候，在餐车上买了一个三明治，好家伙，难吃得就像从古希腊时期一直放到了现在一样。其实，这种轨道车不是用来载人的，而是专门用来运货的。

如果古希腊人想坐火车，那得在站台上等待差不多 2000 年（还得祈祷火车别晚点）。1801 年，理查德·特里维西克设计出人们期待已久的那种火车。如果你觉得这个名字很耳熟，**⚡事实查证：只有 0.4% 的读者记得这号人物。**⚡那是因为这家伙在泰晤士河下面挖了一条糟糕的隧道。当然，他在造火车这方面没有那么拉胯。他听说了一个叫詹姆斯·瓦特的家伙，它发明了蒸汽机。**⚡事实查证："它"应该是**

"他"。⚡ 抱歉，他听说了一个叫詹姆斯·他的家伙，瓦特发明了蒸汽机。⚡**事实查证：&% ￥#@！程序错误！**⚡ 工人们把煤炭送入燃烧室，煤炭燃烧把水烧热并产生水蒸气，然后水蒸气推动活塞动起来。活塞可以上下活动，它们连着车轮，能让车轮转动起来。呼！咔嚓，咔嚓！

全球发明名称评分：
7分
（满分10分）
嗯了，还是7分吧，是个好名字，但是抄袭了"呼哧比利"的点子。

西克特里维（好像没说错名字吧？）老兄找到一种方法，把蒸汽机变成了一辆可以载客的小火车，还给它起名"喷气魔鬼"。这辆小火车在英国康沃尔郡缓慢地行驶了几天，速度竟然只有 3.2 千米／时，和我那走路像慢动作的姑奶奶普鲁内拉差不多。

后来，他把火车停在一家酒吧外，进去吃了一份烤鹅……结果，"喷气魔鬼"突然爆炸，把自己炸成了碎片。天哪，幸好当时车上没有乘客。

不过，他没有放弃，还造了一辆不易爆炸的新款火车，名叫"来抓我呀"。他在伦敦给"来抓我呀"铺了一条圆形轨道，通车后票价是每人1先令（购买力和如今的5英镑差不多）。可惜，没一个人对这东西感兴趣。他决定，如果没人喜欢他那可爱的蒸汽火车，那他就再也不造火车了，说什么也不造了，就像有些人——当然不是我——在比赛进行到

全球发明
名称评分：
5分
（满分10分）
名字很有意思，
但我觉得去抓它会
很无聊。

哈哈！来了！
哈哈！马上就到！
哈哈！快了！
你再等会儿！

一半时就带着足球回家了，因为进球的总是别人。⚡**事实查证：你这个星期已经把足球带回家 5 次了。**⚡这是理查德·特里维西克最后一次做和火车有关的事儿了。不过幸运的是，还有其他哥们儿"上赶着造车"。这个懂吗？⚡**事实查证：不懂。**⚡

"火箭"匠人

乔治·斯蒂芬森和儿子罗伯特·斯蒂芬森合作，建造了一种具有划时代意义的新型蒸汽火车，叫"火箭"，乔治因此被称为"铁路之父"。这称呼有点儿奇怪，我还以为他儿子叫"铁路"呢。1829 年，许多开张不久的棉纺厂都在抢购曼彻斯特产的棉花，想要用这些棉花做连帽衫。⚡**事实查证：最早的连帽衫是 1934 年设计出来的。**⚡为此，政府修建了一条从曼彻斯特到利物浦海岸的铁路，但当时还没有能用的火车。于是，政府邀请了一大批工程师，让他们带上自己造的火车，前来比试一下哪列火车最厉害，特别是哪列火车速度最快。这真是像极了《托马斯小火车》遇上《饥饿游戏》的情节。乔治和铁路⚡**事实查证：乔治的儿子叫罗伯特。**⚡带来了"火箭"，它以 48 千米／时的行驶速度（在当时已经算超快的速度了）让所有评委大开眼界，纷纷打出了满分。

很快，英国各地开始兴建铁路。搞铁路建设的一个得力干将叫伊桑巴德·金德姆·布鲁内尔——这不巧了嘛，另一个和他同名的人设计了很多座桥梁。**⚡事实查证：这可不是巧合，就是同一个人。**⚡这哥们儿的一大成就，就是修建了连接伦敦和布里斯托尔的大西部铁路。他还设计了伦敦的火车站，并以帕丁顿命名，因为帕丁顿熊是他最喜欢的角色。**⚡事实查证：说反了，在故事设定中，帕丁顿熊来自秘鲁的黑森林，它抵达英国后，被发现它的人以它当时所在的火车站命名。**⚡

咬紧牙关，冲冲冲

本章就像一场其他章节所讲的发明家的盛大聚会。理查德·特里维西克和伊桑巴德·金德姆·布鲁内尔已经到场，现在让我们有请……维尔纳·冯·西门子闪亮登场！他不仅建造了第一台真正意义上的电梯，还设计了第一列电车。我想，他就是喜欢把东西都变成电动的。多亏了西门子，我们才能如此快速地在全国各地穿梭。

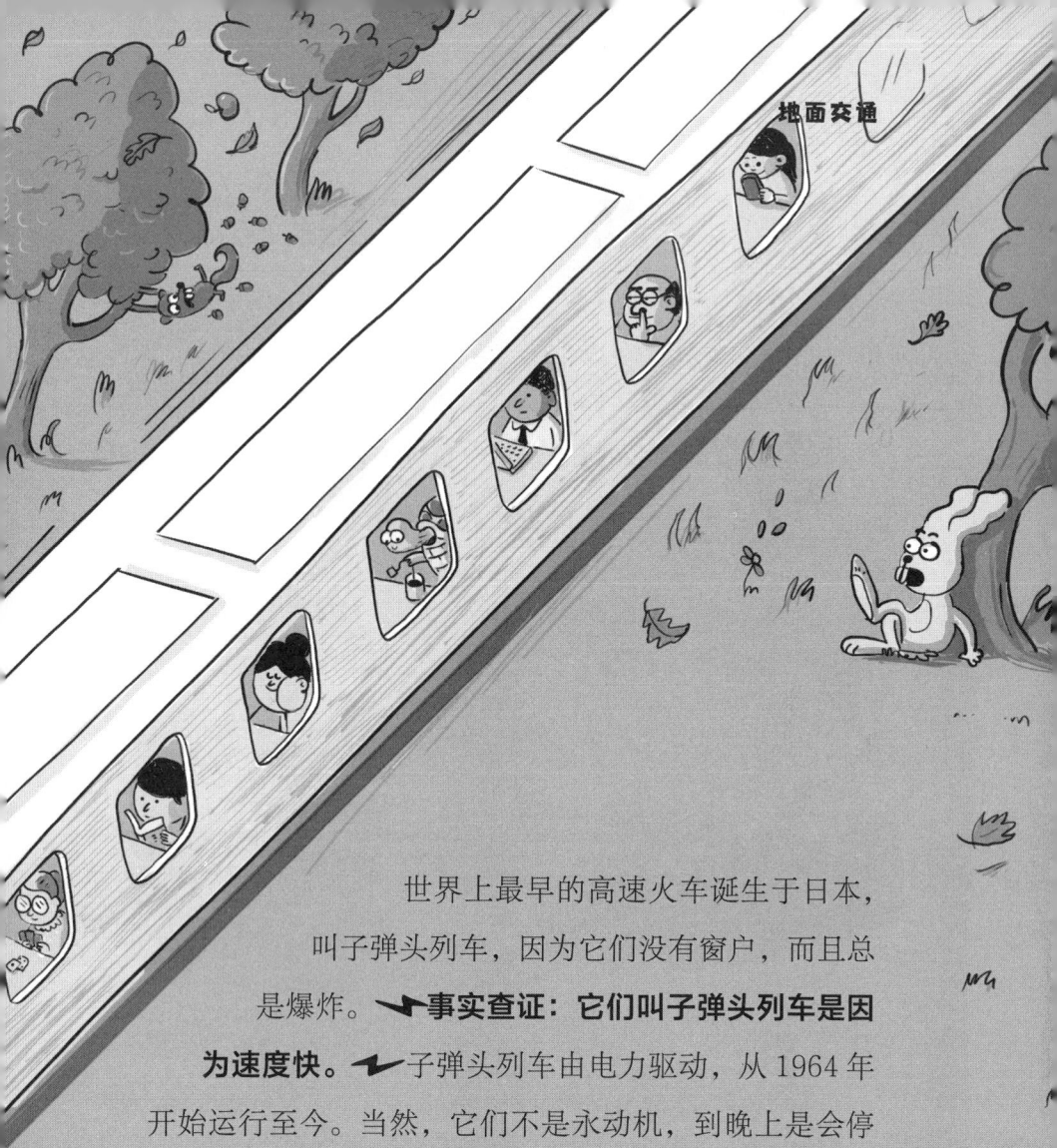

世界上最早的高速火车诞生于日本，叫子弹头列车，因为它们没有窗户，而且总是爆炸。**⚡事实查证：它们叫子弹头列车是因为速度快。**⚡子弹头列车由电力驱动，从1964年开始运行至今。当然，它们不是永动机，到晚上是会停车的。

日本子弹头列车的最高速度可达600千米/时（目前还在测试中），可能和真正的子弹一样快。**⚡事实查证：子弹的最高速度为2700千米/时。**⚡好吧，它的最高速度是巨型喷气机的三分之二，比特里维西克那糟糕的第一列火车快得多。

"骑"乐无穷

来跟卡尔·弗里德里希·克里斯蒂安·路德维希·弗赖赫尔·德赖斯·冯·绍恩布隆男爵打个招呼吧!"嘿!卡尔·弗里德里希·克里斯蒂安·路……等等,我们能直接叫你卡尔吗?"

卡尔·弗里德里希·克里斯蒂安·路德维希·弗赖赫尔·德赖斯·冯·绍恩布隆男爵

卡尔是一位超级厉害的德国发明家,这一点你肯定猜到了,毕竟这本书就是讲发明家的嘛。他搞出了钢琴乐谱印刷机、第一台绞肉机和一种慢炖锅——下次你一边弹琴一边炖肉酱粥的时候可别忘了感谢他哟!最牛的是,早在 1817 年,他就发明了自行车——你肯定也猜到了,因为他正是自行车领域的开拓者嘛。他设计的自行车跟现在的自行车在外观上差不多,不过呢,还是少了一些东西。你能找出卡尔设计的自行车少了什么吗？他的自行车有：

- 木头框架
- 金属轮子
- 车座
- 把手

没错，少了脚踏板和链条。所以，骑车的人得像《摩登原始人》里的弗雷德·弗林斯通一样，坐在上面用脚蹬地。

➤ **事实查证：只有 3.2% 的读者看过《摩登原始人》这部动画片。**↙

小测验：自行车最初的三个名字，你能选对几个？

A. 时髦小马

B. 机械猴子

C. 极速行者

D. 脚踏两轮车

E. 旋风亚瑟

如果你选了 A、C 和 D，恭喜你！你赢得了帝国大厦！（我的律师奈杰尔提醒我，我没有权利送你帝国大厦，所以你并没有获得帝国大厦的所有权。）如果你选了 B 或 E，那你就得去把帝国大厦打扫一遍啦！

一便士的梦想也能实现

你看过这样的老照片或者老电影吗？里面那些留着卷曲长胡子的怪叔叔骑着一辆自行车，自行车前面有一个大轮子，后面有一个小轮子，这种造型特别滑稽。我姑奶奶普鲁内拉还骑过这种自行车呢！大概 150 年前，这玩意儿可流行啦！它叫"便士 – 法新"。

之所以叫这个名字，是因为发明它的人叫便士·法新。

━━ 事实查证：其实是以两种不同大小的硬币来命名的。 ━

好吧，是因为后轮就像一枚小小的法新币（出于某些奇奇怪怪的原因，那时候的 1 英镑等于 960 法新），前轮就像一枚大大的便士币（出于某些更让人摸不着头脑的原因，那时 1 英镑等于 240 便士）。

"便士－法新"自行车用的是橡胶轮胎，不是卡尔自行车用的金属轮子，也不是现在那种充气轮胎，而是实心橡胶轮胎。比起卡尔的设计，这种自行车骑起来没那么颠簸，但要是想边骑车边喝汤就不太行了。**➤事实查证：充气橡胶轮胎是 1887 年由一位名叫约翰 · 邓禄普的兽医发明的。➤**

没人担心骑这么高的自行车会摔跤，因为那时候大家都习惯骑马。唯一的问题是，很多人老是摔下来，头都磕破了。1885 年，约翰·肯普·斯塔利想了个办法：把两个轮子都做得比较小，还给车座加了弹簧，以防硌到大家的屁股。他把这样的自行车叫作"安全自行车"，它看起来跟我们现在骑的自行车差不多。

小车谜，回房睡觉啦

世界上第一辆汽车是由莱昂纳多·迪卡普里奥设计的，他是美国知名演员，因出演《泰坦尼克号》和……**➤事实查证：是莱昂纳多 · 达 · 芬奇设计的。➤**好吧，这就说得通了。 但是我很纳闷，达·芬奇在 500 多年前是怎么做到的呢？这位老哥就像学校里那个什么都会的讨厌鬼。（在我们学校，我就是那个讨厌鬼。）**➤事实查证：在你们学校，那个讨厌鬼是查理 · 戴维森。➤**达·芬奇是一位天才艺术家和发明家，他提出了数百种我们现在仍在使用的物品的设计理念，包括自走车。这辆车就像巨大的发条玩具，有三个轮子，没有车顶，基本上就像只巨大的破旱冰鞋。

　　达·芬奇设计的这辆车有个大问题，那就是没有发动机！直到 1863 年，一个名叫艾蒂安·勒努瓦的比利时人发明了"河马汽车"。它叫这个名字是因为它前面有一个大格栅，看起来就像河马的牙齿。**⚡事实查证："河马汽车"原本的意思是"马车"，因为在古希腊语中，"河马"的意思就是"马"，人们觉得这种车就是金属马。⚡**这玩意儿基本上就是一辆木制的手推车，速度还不如你慢跑快。它可以载人，还有发动机和方向盘，所以，可以说是艾蒂安发明了第一辆真正意义上的汽车。

载着我们奔驰

你肯定听说过梅赛德斯－奔驰吧。这是一个知名的汽车品牌，事实上，我开的就是这个牌子的车。**⚡事实查证：你那辆旧面包车开了 20 年了，那个梅赛德斯－奔驰标志是你自己贴上去的。**⚡

总之，这个品牌是卡尔·本茨和贝尔塔·本茨夫妇创立的。1886 年，卡尔设计并制造了世界上第一辆人们可以购买的汽车——奔驰专利机动车。这款车装有很多由卡尔发明的

新奇部件，有些部件至今仍在使用，比如换挡杆、点火器和散热器。唯一的问题在于，没人想买他发明的车，原因有两个：其一，没有多少人了解这款车；其二，这款车的问题不少。幸好，贝尔塔后来想出了办法来解决这两个问题。

1888 年，贝尔塔带着两个儿子开启了世界上第一次公路旅行。她驾驶着汽车在德国行驶了 96 千米，这比之前任何人驾车行驶过的距离都远得多。跟她预想的差不多，许多人对她的神奇之旅产生了兴趣，有关她那辆闪亮新车的报道很快就登上了各大报纸和社交媒体。**◄━事实查证：当时还没有社交媒体呢！━►** 在驾驶过程中，贝尔塔发现了一些问题，比如汽车连最平缓的山坡都爬不上去。不过，她在车上增加了一个挡位，立刻就解决了这个问题。哦，对了，这辆车的刹车也不好用。但这难不倒贝尔塔，她往刹车装置上加了一点儿皮革，于是她就这样顺便发明了刹车片，这种东西我们现在还在使用。当贝尔塔回到家时，奔驰汽车在德国已经无人不知、无人不晓了，每个人都想拥有一辆。很快，她和卡尔每年就能卖出数百辆汽车了。

驾车之福，不是特权

　　卡尔·本茨和贝尔塔·本茨的汽车有个大问题，那就是太贵啦！普通家庭一年的收入都不够买一辆，只有超级有钱的人才买得起。一个叫亨利·福特的人觉得这样不公平，他认为每个人都应该开上汽车，而不仅仅是那些百万富翁。他创办了一家直到现在仍在运营的公司——三菱。⚡**事实查证：明明是叫福特。**⚡随后，他着手设计了一款价格亲民的车。这款车名叫 T 型车。由于他的工厂的生产方式很高效，所以 T 型车的价格只有其他款式汽车的一半。他的工厂采用流水线作业，也就是说，同一流水线上的单个工人只需为每辆车装上相同的零件。换句话说，某个工人可能负责安装车门，另一个工人可能负责安装门把手，下一个工人可能负责装皱巴巴的纸巾和旧巧克力包装纸。 **事实查证：嗯？是这样的吗？** 因为一名工人只专注干好一件事儿，所以生产效率提升了很多，组装一辆车只要 1 个多小时。他们最终制造了 1500 万辆这种车。到 1918 年，美国一半的车都是福特 T 型车。

这些车并不是颜色鲜艳的车。福特老哥说："你可以给你的车漆上任何颜色，只要是黑色的就行。[1]"看来我的书里也该这样写："你可以拥有任何类型的书，只要它超级棒就行。"这句话不需要进行事实查证，谢了。

不过，咱们不能因为一个人是成功的发明家就觉得他是完美的。福特这家伙是个极端种族主义者，他特别讨厌犹太人。阿道夫·希特勒你肯定听说过吧？他是二战的元凶，可能算是历史上最邪恶的人了。他就说过福特对他的影响很大，还在自己办公室的墙上挂了一张福特的照片。

---

1 为了控制成本以降低价格，当时的福特公司只使用黑色车漆。

福特 T 型车没有座椅加热和触摸显示屏这样的高级功能和配置，甚至没有刹车灯和转向灯。那些是由本书中名字最酷的人——一位名叫佛洛伦萨·劳伦斯的电影明星发明的。

好啦，是时候请我的机器人管家的测谎仪上场了，咱们来瞧瞧佛洛伦萨·劳伦斯的这些事迹里，哪个完全是胡说八道的。

机器人管家的

测谎仪

1. 佛洛伦萨·劳伦斯是第一个名字被写进电影片尾字幕的女演员。

2. 她3岁就开始演戏，人们称她为"神奇小宝贝佛洛"。

3. 她曾在片场摔倒，足足瘫痪了4个月。

4. 她出演过300多部电影。

5. 她第一任丈夫的名字很有意思，叫沃尔特·索尔特。

正确答案：5. 佛洛伦萨·劳伦斯的第一任丈夫叫哈里·索尔特。

电力大道

  汽车彻底改变了世界。可惜的是，它也存在弊端。汽车造成的污染对气候和我们的健康来说都是大问题，所以现在电动车越来越多了。除非司机放屁，否则电动车不会直接污染空气。不过，电动车可不是什么新鲜玩意儿，而且人们一开始就该设计电动车，而不是那些喷着臭烘烘尾气的汽油车——尾气那股味儿简直比皮皮吃完一缸烤豆子后放的屁的味儿还酸爽。

  当卡尔·本茨和贝尔塔·本茨夫妇在造他们的第一辆奔驰车时，在德国的另一个角落里，有个叫安德烈亚斯·弗洛

**电动车
发展时间轴**

19世纪90年代：
蜂鸟出租车

1888年：
电动马车

肯的人正在打造一款电动马车，结果还真造出来了。随后，各种品牌的电动车纷纷问世，包括一款名叫 P1 的电动保时捷。19 世纪 90 年代，伦敦甚至有很多电动出租车，叫作"蜂鸟"，因为它们老是在半空中盘旋。➤**事实查证：其实是因为这些车会发出轻微的嗡嗡声。**✚我们差一点儿就能彻底摆脱尾气污染了……可惜，后来人们不再买电动车，因为它们的价格比汽油车高了 3 倍左右。电动车消失了大约 100 年后，人们开始担心汽油车引起的环境问题，于是电动车强势回归。希望这次它们能一直留在我们身边，拯救世界。（不过，要是扎尔格星球的章鱼人用触手把我们缠个结结实实，那就另当别论了。）

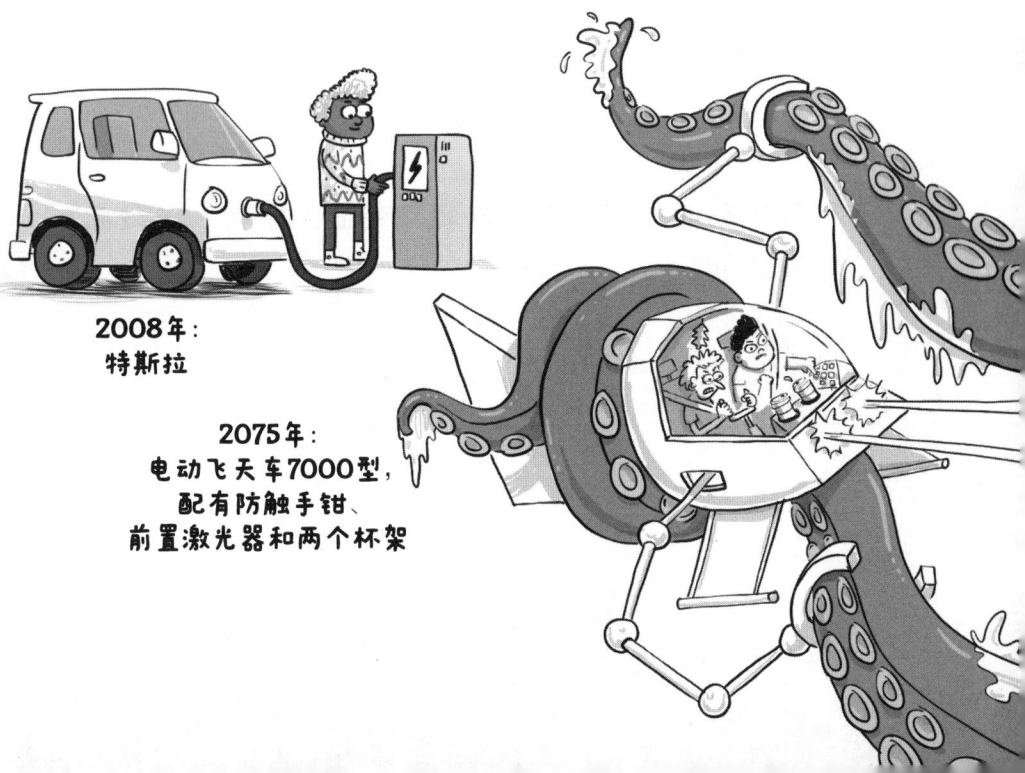

2008 年：
特斯拉

2075 年：
电动飞天车7000型，
配有防触手钳、
前置激光器和两个杯架

是真还是假？

英国国王出行会乘坐自己的专属火车。

真的! 英国皇家专列基本上就是一座会移动的宫殿！爱显摆的老国王偶尔会坐这辆火车在全国各地溜达。这辆火车可是防弹的，里面有私人卧室、餐厅、客厅，甚至还有一个带大浴缸的浴室——不过，火车转弯的时候，浴缸里的水可能会溅得到处都是。

英国以前的法律规定，每辆车前面必须有人边走边挥舞红旗。

真的! 当第一批汽车上路时，英国政府认为有必要提醒行人汽车来了。所以，当汽车发动后，要是没有挥舞红旗的人在前面开路，那司机可是要被抓走的！

骑自行车环游世界只需要一个月。

假的！ 抱歉，远远不止一个月哟！骑自行车环游世界的纪录由马克·博蒙特保持着，他骑行了近 29 000 千米，耗时约两个半月，屁股都磨破了！说实话，坐飞机会快得多。

那是月球表面吗？

不，那是我的屁股。

机智小问答

世界上第一张超速罚单是什么时候开出的？

    1896 年，有个叫沃尔特·阿诺德的男人被开了第一张超速罚单，原因是他在英国肯特郡的村庄里开车时，速度超过了规定值的 4 倍！听起来是不是很吓人？如果你知道他当时的车速其实只有 13 千米／时，而限速是 3 千米／时，可能就不会那么惊讶了。在当时，就算逮捕超速的蜗牛，我也一点儿都不会觉得奇怪。

防超速
课程

怎么又是你！

谁发明了安全气囊？

    1921 年，两位牙医发明了安全气囊。这俩哥们儿分别叫哈罗德·朗德和阿瑟·帕罗特。他们可能是厌倦了牙医工作（这倒是情有可原），于是他们决定做点儿事情，好让驾驶更

全球发明
名称评分：
2分
（满分10分）
安全气囊这个
名字其实
不太准确，
应该叫氮气囊才对。

安全一些。不过，直到 50 年后，汽车里才真正装上安全气囊。当汽车受到强烈碰撞时，驾驶室前方和侧面的安全气囊会迅速充满氮气。这样一来，驾驶员的头就不会撞到方向盘，而是撞到一个大气枕上，因而不会受到严重伤害啦。

全世界有多少辆自行车？

嗯，差不多有 10 亿辆吧。中国估计有 5 亿辆。美国有超过 1 亿辆。英国大约有 2000 万辆。也就是说，英国平均每 3 个人就有一辆——我真不知道 3 个人要怎么骑一辆自行车。

小菜一碟！

梦中的发明

我在梦里想到过不少绝妙的点子，比如，用棉花糖做沙发，超级松软，特别舒服。但它有个小缺点：它吸引了5200万只黄蜂到我家。除了棉花糖沙发，还有"鹳叉"（给鸟用的餐具）和"洋葱弹簧"（用洋葱做成的弹簧）。

这些发明有没有改变世界呢？嗯……鹳叉还挺受欢迎的。➤ **事实查证：鹳叉只卖出去8把，其中6把卖给了你的家人。** ➤ 以下是一些在发明家的梦中诞生的改变世界的绝妙创意。

DNA

DNA（它的全称是脱氧核糖核酸，问问你爸妈知道不，如果他们不知道的话，让他们回学校复读去吧！）就是……能决定你就是你的东西！头发的颜色、耳朵的形状、屁的味儿……这些全都由DNA这个"代码"来"编程"控制。我们能够知道这些，多亏了四位聪明绝顶的科学家：罗莎琳德·富兰克林、詹姆斯·沃森、弗朗西斯·克里克和莫里斯·威尔金斯。他们发现，DNA 最有趣的地方之一在于它的形状：
两个彼此缠绕的螺旋。那么，他们是怎么搞清楚这个形状的
呢？有一种说法是这样的：沃森有一次打盹儿，梦见了一座
奇怪的双螺旋楼梯，醒来后就把它画了下来——嘿！搞定了！
后来，他们继续研究，DNA 的结构就是这个样！

元素周期表

德米特里·门捷列夫花了整整 10 年，试图想出一种方法把当时已知的所有化学元素按某种顺序排列起来。什么方法呢？周期椅子？不行。周期地毯？也不对。某天晚上，他的梦里突然出现了答案——元素周期表！这可是极其重要的发现，甚至彻底改变了化学的发展轨迹。不过，说实话，门捷列夫的这个梦有点儿无聊，大多数人做梦都会梦见学校停课或者会飞的狒狒什么的。

缝纫机

伊莱亚斯·豪这位仁兄无数次想设计出缝纫机，可是他一直搞不定针的形状，所以他的缝纫机一直不太好用。有一天晚上，他做了个噩梦，梦见他去度假，结果遭遇不测，马上就要被处决了。几个拿着长矛的士兵抬着他走，这时他注意到长矛的顶部有个小孔……他激动坏了，一下子就醒了！谢天谢地，这只是个梦，他不会被一群愤怒的士兵刺死了。而那些长矛的设计启发了他，帮他解决了缝纫机上的针的问题。

弗兰肯斯坦（科学怪人）

　　每次做噩梦我都会惊醒，并且浑身冒冷汗，然后只能叫皮皮上楼来抱抱我，以此安慰自己。可抱完我就后悔了，因为它身上有狗粮和狐狸屁屁的味儿。200多年前的一天夜里，玛丽·雪莱做了个噩梦。醒来后，她走到书桌前，把梦中的场景写了下来，也就是她梦到的恐怖人形怪物——弗兰肯斯坦的故事。

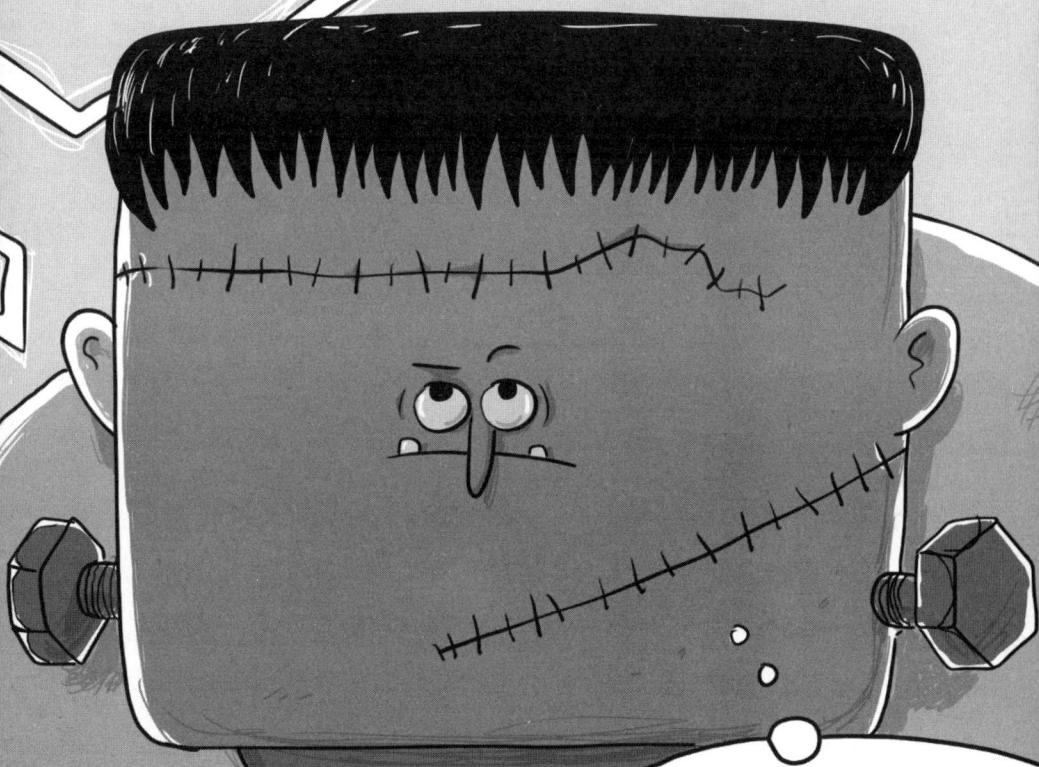

我希望她梦里的我有个更酷的发型。

亚当·凯
天材发明有限公司

亚当牌华丽自我
寻回手套

手套总是容易丢，是不是？早上出门时还戴在手上，回家就……不见了！别担心，有了亚当牌华丽自我寻回手套，这种事儿就再也不会发生了。这款手套应用了 GPS 技术，还有一组小轮子，所以它们总能自己找到回家的路。*

仅售 1942.99 英镑（外加每月 49.99 英镑的服务费）！

* 温馨提示：有时候，手套可能会在你还戴着它们的时候先行一步回家。

海空之旅

汽车和火车固然便利，但要是你想从英国去美国呢？那就得从海里游过去。等等，游过去岂不是会浑身湿透？幸好，人们发明了船和飞机，让出行更加方便。想知道它们是谁发明的吗？好吧，不管你想不想知道，我都要告诉你。

浮生若梦

第一艘船是由一位叫浮特筏的女士发明的。➤**事实查证：不对。**➤那是"划小舟"发明的吗？➤**事实查证：其实没有人知道第一艘船是谁发明的。**➤我们知道，人类造船的历史已经有几十万年了。最早的船叫作独木舟，基本上就是把一棵树的中间掏空做成的，你看"舟"字不就是这东西的象形吗？要是再加上几支桨，你就能拥有一艘划艇。

嘿！这可是我家！

扬帆起航，快意人生

接下来的一大创意来自大约 6000 年前的古埃及人。他们发现，如果在船上竖起一根高高的桅杆，再在桅杆上挂一面帆，就可以借助风力到达目的地。我也不确定他们是故意这么做的，还是有人在船上晾内裤时意外发现的。那时的船是用芦苇做的，芦苇就是一种高高的草。我知道，用这玩意儿造船听起来像天方夜谭，但如果你把芦苇紧紧地捆成一大捆，它还真能救个急。我之所以说"救个急"，是因为它经常漏水，一会儿就让你变成落汤鸡。

有口福了！
芦苇床上的大餐！

船漏水的问题一直困扰着古希腊数学家阿奇米德。**⚡事实查证：其实他叫阿基米德。**⚡他造了一艘超级大的船，叫"叙拉古西亚号"，有 3 层楼高，跟一个足球场一样长，能载 2000 人。这艘船非常奢华，船上有神殿、图书馆、健身房，还有一家可以驾车从中间驶过的麦当劳。**⚡事实查证：第一家麦当劳餐厅是 2000 多年后，确切地说，是 1955 年才开张的。**⚡如果你造出了世界上最大、最棒的船，你肯定不希望它沉下去。阿基米德也是，所以他发明了一种可以把渗进船里的水抽出来再喷回大海的装置，叫"阿基米德螺旋"。这个装置是一个装在管子里的螺旋，转动时，就能把水从底部送到顶部。直到现在，船上的排水装置仍然遵循这一原理——多谢啦，阿基米德！

全球发明
名称评分：
4分
（满分10分）
纯属自夸！

⚡事实查证：
迄今为止你已经用你的名字命名4本书了。⚡

这里有一张阿基米德螺旋的示意图，如果你不感兴趣，那么旁边还有一张小熊维尼吃胶水的图片。（我的律师奈杰尔让我提醒大家，千万别吃胶水，就算你是卡通熊也不行。）

阿基米德的发现都能写成一本书啦，其中包括如何计算圆的面积（πr^2）和球体的表面积（$4\pi r^2$）。他还发明了里程计——就是一种像柳橙汁一样的东西。**⚡事实查证：里程计是用来测量距离的。**⚡他还非常擅长设计杠杆和滑轮，有了它们，人们即使没有冰箱那么大的二头肌，也能搬动超级重的东西。他曾经说过："给我一个支点，我能撬动整个地球。"

又该启动我的机器人管家的测谎仪了，这样你就可以判断下面这些关于阿基米德的说法中，到底哪一个是胡扯。

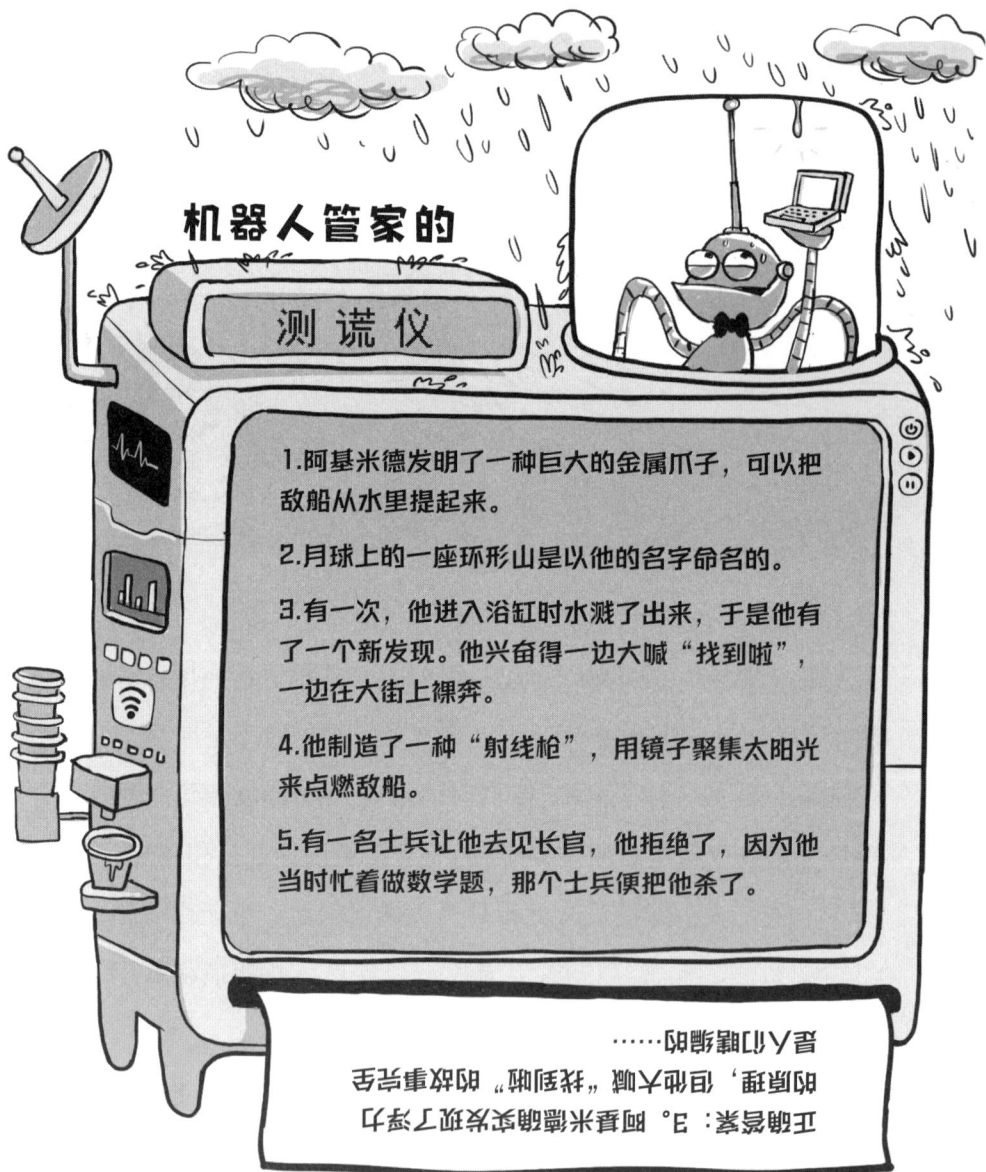

机器人管家的

测谎仪

1.阿基米德发明了一种巨大的金属爪子，可以把敌船从水里提起来。

2.月球上的一座环形山是以他的名字命名的。

3.有一次，他进入浴缸时水溅了出来，于是他有了一个新发现。他兴奋得一边大喊"找到啦"，一边在大街上裸奔。

4.他制造了一种"射线枪"，用镜子聚集太阳光来点燃敌船。

5.有一名士兵让他去见长官，他拒绝了，因为他当时忙着做数学题，那个士兵便把他杀了。

正确答案：3。阿基米德确实发现了浮力的原理，但他从未"找到啦"的故事都是人们瞎编的……

全速前进

在过去的几千年里，船都是靠人力或风力行进的。到了
19世纪，人们尝试使用了一种新奇的黑科技——传送门。
⚡事实查证：其实是蒸汽机。⚡最早的蒸汽船利用发动
机转动船两侧的巨大轮子。后来，有人灵机一动，把阿基米
德螺旋反过来，发现它可以当水下推进装置用。直到今天，
这个设计仍在使用。

蒸汽船设计师中有一位重要人物叫……伊桑巴德·金德
姆·布鲁内尔。这人简直无所不能——他是不是压根儿不需
要睡觉啊？他建造的第一艘船叫"大西部号"，是当时世界
上最大的船，可以在两周内从布里斯托尔航行到纽约，速度
是那些老式帆船的两倍。不久之后，更大、更豪华的船又出
现了，这些船超级受欢迎，它们载着乘客从欧洲前往美国。
人们排着长队想要登上"条顿号""庄严号""奥林匹克
号"……哦，还有"泰坦尼克号"。不过，在"泰坦尼克号"
沉没后，这些船就没以前那么受欢迎了。

深　潜

　　有这么一种说法：达·芬奇可能是个穿越者。虽然他生活在大约 500 年前，但他在笔记本上画的发明创意，很多都是到现代才成为现实的，比如坦克和空调。他甚至画出了至今仍不存在的东西，比如飞行自行车。他有很多惊人的发明（或者说是他身为穿越者自带的作弊技能的体现），潜艇就是其中之一。他将其称为"能让另一艘船沉没的船"，设计目的是偷偷接近敌舰，不让敌人发现。可惜的是，达·芬奇设计的潜艇没有制造出来——也许造出来了，只不过潜得太深了，至今没人发现。

看不见我

　　1620 年，荷兰工程师科内利乌斯·德雷贝尔首次造出可操控的潜艇。他用木头做了个船体，在外面包上皮革，再涂上大量的油脂以防漏水。为啥这样做呢？因为如果你乘坐潜艇时有水渗进来了，那就糟了。科内利乌斯制造的潜艇非常成功，没有漏水。这艘潜艇叫"德雷贝尔号"，由人们手动划行，能载 16 名乘客，他们通过伸到水面上的管子来获取空气，那些管子就像放大版的水中呼吸器。苏格兰国王詹姆斯一世也乘坐过"德雷贝尔号"。也就是说，詹姆斯是世界上第一位乘坐潜艇的国王，所以简称"詹姆斯一世"。

事实查证：你真能瞎编。

现在的潜艇可先进多了，完全不需要通气管。它们在黑暗的水下航行，还能避开深海油井、船只、海底山脉和美人鱼。⚡**事实查证：没有美人鱼。**⚡这多亏了声呐。声呐的发明者是有史以来最有远见的发明家——没错，就是我！⚡**事实查证：是达·芬奇。**⚡声呐通过发出高频声波，再分析回声来探测周围环境。海豚也是用这种方法探测四周环境的。这招儿果然管用，你从来没见过海豚的鼻子因为撞上墙而贴创可贴，对吧？

我感觉有些"漂"

20世纪50年代，一只名叫克里斯托弗先生·男人的公鸡发明了气垫船。⚡**事实查证：是一个名叫克里斯托弗·科克雷尔[1]的男人。**⚡气垫船是一种由背后的大螺旋桨推动的船，它的底部与水面或其他表面之间有一层空气，能把它"垫"起来。也就是说，气垫船可以在任何表面上行驶，无论是地面、水面、冰面还是屁屁表面。

克里斯托弗先生用一台吸尘器和几个猫粮罐头做出了第一个气垫船模型。虽然它闻起来臭臭的，但它的确能漂浮在

---

1 科克雷尔（Cockrell）的前4个字母cock意为"公鸡"。

水面上。气垫船的速度非常快，超过了 129 千米 / 时，比高速公路上的汽车跑得还快。因此，乘坐气垫船成为横渡英吉利海峡的好办法。

你可能觉得乘坐气垫船航行很平稳舒适，但事实恰恰相反，它的颠簸程度等同于手持气钻在石子路上踩弹簧高跷行走。英法海底隧道开通后，气垫船就不那么受欢迎了，因为你可以直接坐火车从英国去法国，还不用担心喝热巧克力的时候弄得满身都是。

轻松飞行

　　每当仰望天空，看到鸟儿翱翔，人类也会渴望飞行。为什么翼龙能享受这种乐趣？ ➤**事实查证：翼龙在数千万年前就灭绝了，那会儿还没有人类呢。**⚡

　　直到大约 250 年前，人类才成功地飞上天并且可以稳稳地待在空中。在 18 世纪的法国，有一对兄弟分别叫约瑟夫 - 米歇尔·蒙戈尔菲耶和雅克 - 艾蒂安·蒙戈尔菲耶。法国人可真喜欢起带连字符的双名，是不是？

　　有一天晚上，约瑟夫盯着壁炉里的火花，看着火星飞进烟囱，灵光一闪，觉得热气也许能让他们飞上天。不久，兄弟俩缝制了世界上第一个热气球（用的是纸和布这两种有安全隐患的易燃材料）并且用热气球把他们的第一批乘客送上天空。

　　呃……我说的乘客其实是一只鸭子、一只绵羊和一只公鸡。鸭子和公鸡大概没什么好怕的，要是出事儿了，它们还可以扑腾翅膀降落。那只绵羊估计要吓得尿裤子了。不过，绵羊最后也没事儿，因为热气球在升空大约 10 分钟后就安全降落了。

　　兄弟俩认为，火焰产生的烟雾中有一种神奇的飞行气体，他们叫它"蒙戈尔菲耶气体"。但事实证明，这并不是什么神奇的气体，只是普通的空气。空气经加热后会变得更轻（所以烟雾报警器总是装在天花板上，而不是地板上），这也正是他们的热气球能够升空的原因。

　　不过热气球有一个小小的问题：你没法控制它的方向，只能通过调节火焰的大小让它上升或下降。如果你想向西飞，就得找到一股向西吹的风，就像在空中搭顺风车一样。

要是害怕，
就使劲儿叫唤吧！

小小滑翔机

如果你本来想坐热气球去西班牙，结果风把热气球吹到了保加利亚，那就太闹心了。所以，接下来的目标就是造一架可以操控方向的飞机。如果你见过一些大鸟，就会知道它们很多时候不用扇动翅膀也能在天空中翱翔，那种飞行方式叫作滑翔。━►**事实查证：不光是大鸟，小鸟也一样。**◄━因为那时候还没发明发动机，最早的飞机只能以滑翔的方式飞行，所以它们被称为滑翔机。

乔治·凯利住在一栋巨大的房子里，这家伙真幸福。1804 年那会儿，他经常跑到那座巨大的楼梯的顶端，把各种木质机翼从楼梯上扔到宽阔的门厅里。机翼碎成一堆，瓷砖和楼梯扶手也被砸坏之后，乔治终于悟出了一个道理：要想让机翼飞起来，机翼底部得做成平面，而顶部得做成曲面。

又到科普时间喽！抱歉啦！

科普时间到

气流经过机翼时被分成上下两股，下边那股走直线，上边那股走曲线，所以上边那股气流要流动得更快才追得上下边那股。空气流动得越快，气压就越低，这意味着机翼下面的气压比上面的高。压强差产生了一个升力，所以机翼就向上升……这样就飞起来了。下面有一张解释这个原理的示意图，如果你实在不感兴趣，还有一张蚊子吃卷饼的图片供你欣赏。

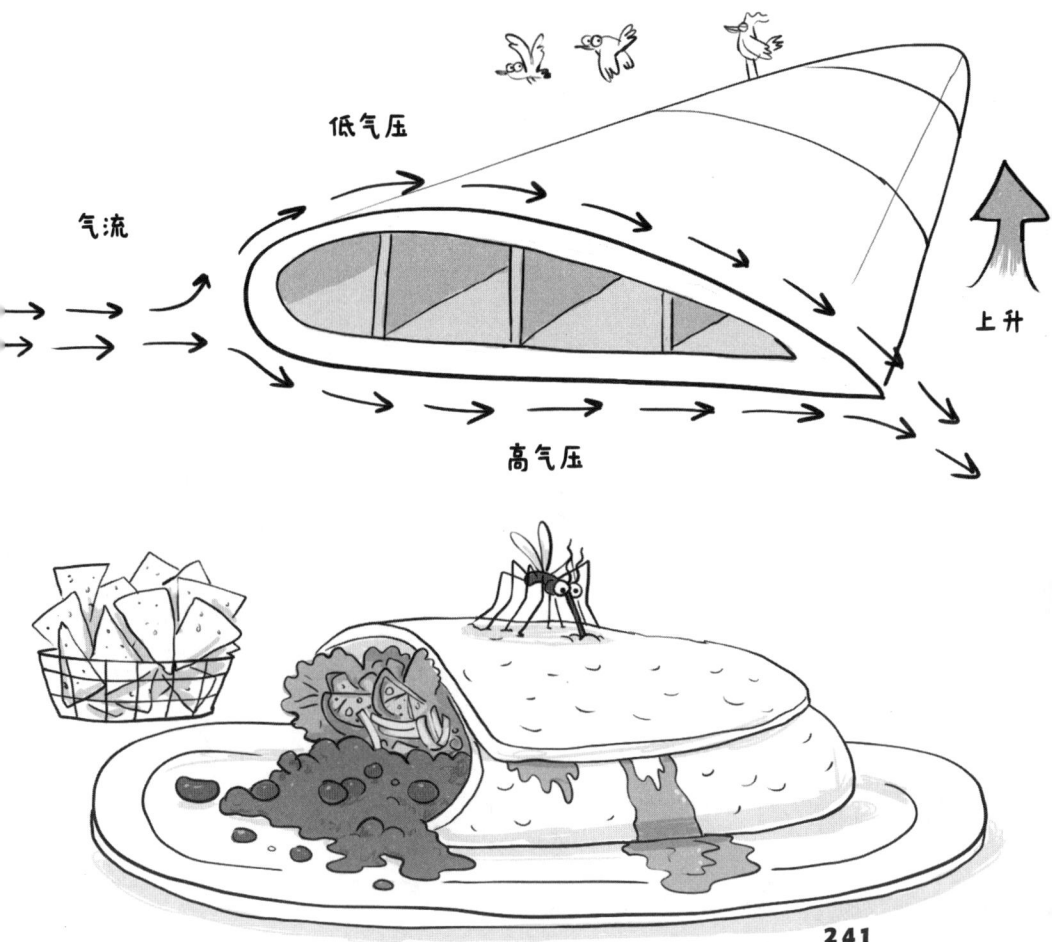

低气压

气流

上升

高气压

到了 1848 年，乔治不再抛机翼了，因为他终于造出了滑翔机。你知道第一个坐上它飞行的人（或动物）是谁吗？

A. 乔治·凯利本人

B. 他的狗狗伯特伦

C. 一个随机找来的 10 岁小男孩

D. 首相罗素勋爵

E. 我姑奶奶普鲁内拉

如果你选择了 C，那么恭喜你赢得了在白金汉宫住 6 周的机会。（我的律师奈杰尔提醒我，你并没有赢得在白金汉宫住宿的机会，如果你试图进入那里的某间卧室，可能会换来 6 个月的牢狱之灾。）幸运的是，飞行顺利完成，那个男孩也平安无事。

天时地利，莱特兄弟

威尔伯·莱特和奥维尔·莱特这兄弟俩可以说是飞行史上最重要的人物了吧，不过得先排除塞缪尔·灰机这号人物。**⚡事实查证：我的传记模块里没有关于塞缪尔·灰机的任何记载。⚡**莱特哥俩没上过大学，他们开了一家自行车店，把赚来的钱都砸在了他们真正热爱的事情——发明屁味儿香水上。**⚡事实查证：他们发明的是飞机。⚡**

1903年，他们第一次试飞了自己的新发明——莱特飞行器。这玩意儿和我们去度假坐的飞机简直一点儿相似之处都没有，它的机翼基本上就是两排"雪糕棍儿"，只不过中间加了点儿支撑物。不过，这玩意儿居然能飞！嗯，至少飞了12秒，就在屠魔丘（这地名有点儿瘆人啊）上空滑翔了一段，速度跟你跑步差不多。

全球发明
名称评分：
2分
（满分10分）
想出这个名字
所花的时间
不会超过12秒。

茶？
咖啡？
碱水面包？

全球发明
名称评分：
0分
（满分10分）
太烂了，我就
没听过这么
难听的名字。

全球发明
名称评分：
-1分
（满分10分）
真是越来越
离谱了。

他俩试飞了好几次。飞最后一次时，忽然一阵"妖风"吹来，把飞机掀了个底朝天，结果飞机摔了个稀巴烂。第二次试飞的"飞行器2号"也没好到哪儿去。不过，到了第三次，"飞行器3号"的试飞大有进步。1905年，威尔伯开着"飞行器3号"在天上飞了将近40分钟——要不是忘了加满油，还能飞更久呢。

尽管这哥俩发明了史上第一架有发动机的飞机，可惜整个美国除了他们似乎就只有一个人对此感兴趣。这位仁兄叫阿莫斯·鲁特，他办了一份关于蜜蜂的杂志。阿莫斯目睹了飞行过程(是看莱特兄弟飞哟,不是看蜜蜂。他天天看蜜蜂飞,早就看腻了),然后在杂志上报道了这件事。但是,能有几个人爱看关于蜜蜂的杂志呢? 这篇报道也没掀起啥"蜂(风)"浪。◥**事实查证:我的笑话评估模块显示,这段话的幽默分只有 6 分,满分是 100 分。**◤其他记者压根儿不相信莱特兄弟真能飞上天,《纽约先驱论坛报》的记者还问他们究竟是"飞人"还是"骗人"。

这时,你可能会想起,有些人一生气就会摔门而出,不过我相信你不是这种人。好吧,莱特兄弟是这种人。他们一气之下离开了美国,跑到了热气球的诞生地、双名[1]的发源地——法国,想看看法国人能不能慧眼识珠。法国人看到他们的表演都惊呆了,因为威尔伯驾驶他的飞机在天空中画圈,绕"8"字,甚至用 12 种颜色的烟雾在天上写出"早告诉你了,美国!"几个大字。◥**事实查证:没有用彩色烟雾喷字这回事儿。**◤

很快,莱特兄弟的飞机就卖出去了好几架,主要是卖给军队,因为那个时候现在意义上的机场还没出现。此外,他们还把几架他们制造的飞机卖给了美国。

---

1 部分法国人有两个名字,其间用连字符隔开,如本书第238页提到的约瑟夫-米歇尔·蒙戈尔菲耶和雅克-艾蒂安·蒙戈尔菲耶就属于这种情况。

　　莱特兄弟还意外地创造了一种全新的娱乐方式——飞行表演！多达 50 万人（你知道吗？那可是温布利球场可容纳人数的 5 倍之多）前来观看"敢死队"飞行员的表演，飞行员们驾驶着奇形怪状（并且不太结实）的新飞机，在空中做出各种惊险的动作。

你这是作弊！

那时最有名的一位飞行表演驾驶员叫贝茜·科尔曼，人称"勇敢的贝茜"——这个绰号名副其实。她是第一个获得国际飞行执照的黑人，她的飞行特技非常炫酷。不幸的是，1926年，她乘坐的一架飞机因发生故障而坠毁，她的故事最终以悲剧收场。不过，人们依然将她视为一位伟大的飞行员。

下一班航班即将起飞

1914年，世界上出现了第一趟可以买票搭乘的航班，从美国佛罗里达州的圣彼得斯堡飞往……嗯……坦帕——应该是佛罗里达州的另一个地方。那时候还没有机场，飞机只能从水面起飞和降落，听起来简直太吓人了。令我欣慰的是，当时的人们想办法修建了跑道。

在一战和二战中，飞机变得非常重要，仅美国就制造了超过30万架。二战结束后，航空公司买下部分飞机用于客运。

当时坐飞机真的没什么乐趣可言，飞机上又冷又吵闹，还颠簸得厉害。由于很多乘客晕机，很多飞机上都配有护士来照顾他们。另外，飞机经常需要停下来加油，还经常发生坠毁事故。哦，对了，机票还贵得吓人。

当飞机的动力装置从螺旋桨发动机换成更强劲的喷气发动机后，乘客的飞行体验大大改善了，人们终于可以从欧洲飞往美国了。另一个重要的改进是增压机舱的问世（可以视为升级版空调，保证乘客在高空中呼吸顺畅）。当时的飞机已经可以飞得比大气湍流还高，所以走道上再也不会遍布呕吐物了。

1976年，一架名叫"协和号"的飞机横空出世，它搭载了4台超级强劲的喷气发动机，并装配了经改进的流线型机翼。它能以2倍声速飞行，从伦敦到纽约只需3小时30分钟，这和从伦敦坐火车到普利茅斯所需的时间差不多（不过，普利茅斯不像纽约有那么多摩天大楼）。然而，"协和号"飞机的飞行成本太高，公司一直亏损，所以"协和号"在2003年就退役了。尽管如此，你还是可以坐火车从伦敦去普利茅斯。

全球发明
名称评分：
9分
（满分10分）
好名字，这架飞机
是英法两国联合
制造的，这个名字
体现了双方的协作。

平稳降落

或许这一章应该叫"达·芬奇在几百年前就想到的那些东西"。他并不满足于发明汽车、潜艇和泡泡糖。**➛事实查证：泡泡糖是1928年由一位名叫沃尔特·迪默的会计师发明的。**➛达·芬奇还画了一种降落伞的草图。这项发明看上去是一个大大的木制方形框架上覆盖了一个用布做的金字塔状伞体，下面可以悬挂一个人。达·芬奇从未真正制造过这种降落伞，因为他实在太懒了。大约20年前，一名英国跳伞运动员根据这种原始设计制造了一顶降落伞，结果……成功了！如果我是那名跳伞运动员，我在测试时大概会带上一顶真正的降落伞，以防万一。

第一个用降落伞安全着陆的人是路易 – 塞巴斯蒂安·勒诺尔芒（你猜对了，他是法国人），他在 1783 年完成了这一壮举。英语和法语中的"降落伞"（parachute）这个词就是他创造的，意思是"停止坠落"。这种降落伞虽然可用，但不怎么实用，因为它有两张床那么大，在使用时不方便快速绑到身上。

1910 年，卡塔琳娜·保卢斯的老公出门工作时，她总是担心得要命。她老公是表演特技的"敢死队"的成员，最喜欢的特技是从热气球上跳下来，然后用降落伞安全着陆。我的好伙伴去给老虎看牙的时候，我也像卡塔琳娜那么紧张。

▶事实查证：你的好伙伴实际上是制作电视节目的，而且他的节目收获的全是差评。◢ 于是，卡塔琳娜设计了一种更好的降落伞，它可以折叠成一个背包，需要的时候再打开。不幸的是，有一天，那个降落伞没打开，她老公砰的一声摔在了地上……哎呀，节哀！

你确定是这个背包吗？

齐柏林的一小步，人类飞天梦的一大步

　　莱特兄弟正忙着造飞机的时候，德国出现了一位伯爵，名字叫费迪南德·冯·齐柏林，他琢磨出了一种与众不同的"飞天大法"：造个大号气球并坐着它在天上飞，这样多拉风啊！于是，他捣鼓出了齐柏林飞艇——这家伙长得跟鱼雷似的，比一个足球场还要长！别看它外面披着柔软的布衣裳，里面可藏着结实的铝骨架。这么个大块头是咋飞上天的？嘿，秘密就在于它肚子里装着一堆气球，气球里装的是比空气还轻的氢气哟！

　　哈哈，说出来你可能觉得有点儿恶心，这些气球其实是用牛肠子做的。每造一艘齐柏林飞艇，就得有25万头牛"慷慨捐肠"。25万头牛？！简直多到离谱，以至于那些年德国

都流行吃素了——哦不，是禁了香肠，因为得把牛肠子留给飞艇用，不能让它们都变成香肠的肠衣。齐柏林飞艇可真是"一飞冲天"了！➤**事实查证：我的笑话评估模块显示，这段话的幽默点可能不太明显。**➤没想到吧，这个"奇葩"发明能干的事儿可多了，从在"一战"中投掷炸弹到横跨大西洋的旅行，无所不能。

可惜好景不长，1937 年发生了"兴登堡号"空难。一看这名字，你就能猜到这不是啥好事儿。"兴登堡号"是一艘从德国起飞的"巨无霸"齐柏林飞艇，当时正打算横穿美国。氢气虽说比空气轻，能让东西飘起来，但它也特别容易着火。"兴登堡号"上就冒出了那么一丁点儿电火花，整艘飞艇就嘭的一声炸了，带走了 36 条鲜活的生命……现在，一些齐柏林飞艇仍然在使用，不过，它们早就不再用氢气等易燃易爆的气体啦，你大可放心！

嘿，直升机来了

是不是觉得达·芬奇好久没露面，担心他没新花样啦？别急哟，他这就带着新点子来啦！这次，他画了个"飞天螺旋桨"，这可是直升机的"老祖宗"呢！它是一个超大的、能呼呼转的螺旋桨，得靠一帮人站在它下面的平台上使劲儿驱动，才能慢悠悠地飘上天。可惜达·芬奇他老人家只是画了图纸，并没真的造出来——这真的很符合达·芬奇的作风！直到 100 多年前，这一梦想才成真。这次的功臣是布勒盖兄弟——路易·布勒盖和雅克·布勒盖，他们造出了旋翼机。

其实，这个旋翼机飞得只有你的膝盖那么高！控制方向？想都别想，根本没法操控！还得有四个人站在地上拉着它，生怕它一不小心就摔个狗啃泥。但不管怎样，这可是人类第一次让直升机飘在了天上，布勒盖兄弟俩真是太棒啦！

咱们接着往下说。在 1939 年之前，直升机一直是个稀罕物，你在商店里根本看不到它的影子。这时候就要提到伊戈尔·西科尔斯基了。他从小就是达·芬奇大师的"小迷弟"，崇拜达·芬奇的那劲儿，就跟小读者对我的书爱不释手一样。

━━►事实查证：87%的读者认为你的书"还行吧"。◄━ 好吧好吧，言归正传。伊戈尔是个直升机迷，他花了好几年才想到一个超棒的点子：在直升机的顶上装个大旋翼，再在它的尾巴上添个小旋翼。上面的大旋翼一转，就把空气往下推，在大旋翼产生的升力的作用下，直升机就噌噌噌地飞上天啦！尾巴上的小旋翼呢，就像直升机的平衡小助手，能让它稳稳当当的，飞行员想往哪儿飞就往哪儿飞。直到现在，直升机的飞行原理也与此相同。直升机这家伙简直无所不能，有些飞机干不了的活儿它全包了，比如从山上或者事故现场救人。直升机为啥这么厉害呢？因为它能在超低空飞行，能在巴掌大的地方降落，能自由转向，还能悬停在空中，甚至能机腹朝上倒着飞……要让我体验一把倒着飞？饶了我吧！

你能倒着飞，不代表你非倒着飞不可啊！

是真还是假？

世界上第一个喷气背包诞生于1419年。

假的！ 那可是很久之后的事儿啦。直到 1919 年，才有一个名叫亚历山大·安德烈耶夫的俄罗斯人脑洞大开，想出在背包里装个小喷气发动机的主意。真正能带着人起飞的喷气背包是 1961 年才问世的，它还有个酷炫的名字——"火箭腰带"。不过，这家伙的噪声可不小，简直是电锯的噪声的十倍，而且，它只能飞短短的 21 秒。跟钢铁侠比？差远了！不过，现在喷气背包的技术可是日新月异啦，不久的将来，连救援队的医生都会用上这玩意儿，去那些连直升机都到不了的山上救助伤病员。

飞机上的黑匣子其实是橙色的。

真的！ 每架飞机上都得安装黑匣子，它就像飞机的起居注，记录每次飞行的点点滴滴。万一哪天飞机突然闹个小脾气（嘿嘿，我是说万一坠机，可不是说它在空中"耍酒疯"哟），黑匣子就成了揭秘事故原因的关键部件。其实，这些黑匣子一点儿也不黑，而是都被涂成了橙色。这样一来，要是飞机真的掉在地面上，找黑匣子就方便多啦！

在英国皇家海军军舰上吹口哨？谁吹谁倒霉！

假的！ 不过这话还真有那么几分道理。以前，水手们迷信得很，总觉得在船上吹口哨会招来暴风雨，现在虽然没那么夸张了，但有些船员听到口哨声还是会有一丝不自在。不过，船上有一位"特权人士"，他吹口哨非但不受责备，还备受鼓励呢！猜猜是谁？他正是船上的大厨。为啥他有这种特权？因为他边吹口哨边做饭，这不就明摆着告诉大伙儿："我可没偷吃哟！"

机智小问答

要是直升机的发动机突然罢工了，会发生什么？

别慌！这虽然不是什么好事儿，但也不至于无法挽救啦！要是飞机的发动机罢工，它就变成大号滑翔机了，飞行员得使出浑身解数让它安全着陆。直升机呢？它没有酷炫的大翅膀来滑翔，但别急，就算发动机真的坏了，它也不会像陨石那样咣当一下砸到地上。你瞧，槭树（我们熟悉的枫树就是槭树的一类）的种子长得特别有趣，是"V"形的，会慢悠悠地打着旋儿从树上往下落，有人管它们叫"直升机种子"。要是直升机的发动机罢工了，也差不多是这种情况：空气的力量还能够让旋翼转动，直升机会像槭树的种子一样优哉游哉地飘向地面。这种情况下，直升机下降的速度比你想象的慢多了！不过说实话，最好还是希望发动机能正常工作，这样才最保险嘛！

世界上哪艘船最贵？

如果你是个亿万富翁，夏天却不能在一艘华丽的游艇上度假，那这亿万富翁当得还有啥意思？有个俄罗斯大老板就是这么想的，于是他花了差不多 5 亿英镑买了一艘叫"迪尔巴"的游艇。这艘游艇上的卧室多得能住下 132 个人呢，游艇上还有停机坪和一个超级大的游泳池。要是你也打算入手这艘游艇，我得提醒你一句，它每次加油都得花上 50 万英镑，你可千万记得多攒点儿零花钱哟！

热气球最长的飞行距离是多少？

答案是整整绕地球飞了一圈儿！还记得贝特朗·皮卡尔吗？就是那架太阳能飞机的设计师！⚡**事实查证：只有 0.0002% 的读者记得！**⚡好吧好吧，咱们继续讲。1999 年，他花了整整 20 天时间，乘坐热气球飞了 4 万多千米，环游了整个地球呢！不过嘛，就像我说的，热气球可没法控制方向，搞不好他原本只是想去塞恩斯伯里超市逛逛，看看神奇的面包区呢。

哎呀，不好意思，我们这里只有小卖部哟！

不赚钱的发明

别以为所有发明家都富得流油哟！就拿我来说吧，虽然我捣鼓出了充气割草机，但我还得码字给小迷糊们看，好赚点儿外快交房租和水电费呢。哎呀，说错了说错了，我的读者可不是什么小迷糊，他们是聪明绝顶、超级可爱的小天使呢！ ⚡**事实查证：检测到谎言！** ⚡好啦好啦，开个玩笑。下面这些发明简直就是财富密码，可惜它们的创造者没能成为超级亿万富翁，真是有点儿遗憾呢！

胰岛素

糖尿病是一种常见的疾病，它让咱们的身体中的"糖糖管理员"——胰岛素发挥不了正常作用，这样一来，身体里的糖分就乱套了。如果身体完全不生产胰岛素了，那就得赶紧找个"替身"来帮忙，要么打针补上，要么用个小泵泵来持续供应。说到这救命的胰岛素，得感谢两位超级厉害的科学家——弗雷德里克·班廷和查尔斯·贝斯特。他们心里明白，这个发明能救全球几百万人的命。不过，他俩可不是冲着发大财去的，他们想的是：谁需要，谁就能用得起！于是，他们慷慨地把专利权——生产这东西的权利——免费分享啦！谢谢弗雷德里克和查尔斯，你们简直棒呆了！哦，不对不对，我是说，你们简直倍儿棒！

安全别针

说起沃尔特·亨特，他就是个发明小能手——磨刀器、道路清扫神器、造钉子机器，统统不在话下。要说他最伟大、最常用的发明，嘿，那得是他 1849 年的大作：安全别针！这玩意儿火得不行，每年都能生产好几十亿个呢！他当时以几百英镑的价格就把这个专利转让出去了。对这么棒的发明来说，这点儿钱也太少了！不过，人家沃尔特根本不在意，转头就研究起了新玩意儿：给鞋子装上吸盘，让杂技演员们能直接在墙上行走。至于这吸盘鞋的销售情况嘛……嘿嘿，可能就没么火爆了。

吸盘鞋

清仓大甩卖

只要~~50英镑~~

只要~~40英镑~~

只要~~30英镑~~

只要~~20英镑~~

限时免费，先到先得！

卡拉OK机

我敢说，我拥有这世界上最动听的嗓音！

➤**事实查证：检测到新谎言！** ➤别不信呀，每次我和朋友们吃完饭，他们最期待的事儿就是去卡拉 OK 厅，说是要听我完美演唱流行金曲。➤**事实**

查证：你的朋友布鲁斯说他再也不想听你那可怕的"天籁之音"了！ 好吧好吧，说实话，我之所以能一展歌喉，全靠一个叫井上大佑的哥们儿，他在1971年发明了卡拉OK机。虽然卡拉OK机让那些听到我的歌声的人都"心花怒放"，但遗憾的是，井上大佑并没有靠这项发明赚到钱，因为他压根儿没给这小东西申请专利。现在，光中国就有十几万家卡拉OK厅呢！

指尖陀螺

指尖陀螺没有胰岛素那样大的影响力，但玩起来嘛，嘿嘿，它绝对能让你乐翻天！你把那些小小的塑料陀螺往手指上一放，它们就嗖嗖地转个不停，简直停不下来！话说30多年前，有一位超厉害的工程师叫凯瑟琳·赫廷格，她设计了一个和指尖陀螺差不多的东西，还申请了专利呢！不过，她觉得每年为维持这项专利掏腰包实在太"肉疼"了，所以最后放弃了这项专利。凯瑟琳啊，你要是看到下面这句话，千万别生气啊……你猜怎么着？现在指尖陀螺已经卖出去2亿多个了！

圆珠笔

20世纪30年代，有位叫拉斯洛·比罗的发明家设计出了一种神奇的新笔。这种笔的笔头上有个小圆球，写字干净利索，不沾不糊。他得意极了，干脆给这宝贝笔起了个和自己一样的名字——拉斯洛笔（听起来怎么有点儿像"拉屎咯"）。哈哈，开个玩笑，他最后还是理智地叫它"比罗笔"（也就是圆珠笔）。

后来，有一家大公司看上了比罗笔，花了200万英镑买下了它的专利。200万英镑？天哪，那简直是堆成山一样的钱啊！不过呢，这家公司更厉害，他们卖出了1000多亿支比罗笔！想想看，如果拉斯洛当时不卖掉这个专利，他会变得多有钱啊！ ⚡事实查证：腰缠万贯。⚡

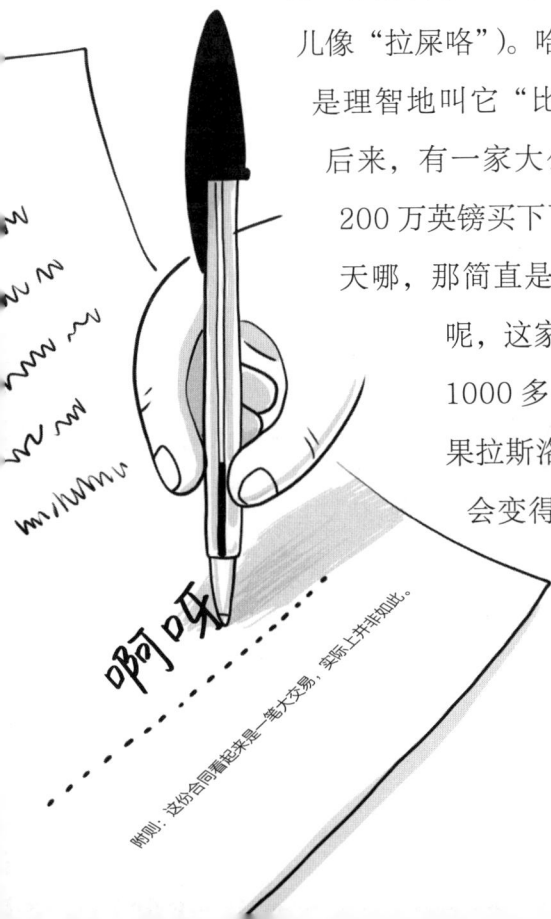

啊呀

附则：这份合同看起来是一笔大交易，实际上并非如此。

亚当·凯
天材发明有限公司

亚当牌顶级
巧克力躺椅

你有没有遇到过这种烦恼：你正惬意地躺在阳光下，结果为了吃点儿零食还得爬起来？嘿，告诉你，等你拥有了全球首款巧克力躺椅，就可以跟这样的烦恼彻底拜拜啦！只要啃啃扶手，你就能一边晒太阳一边享用零食啦，这样简直不要太爽！*

仅售 7168.99 英镑（白色巧克力头枕须额外支付 1200 英镑）。

*温馨提示：巧克力躺椅在温暖的季节会融化，所以只能在冬季使用。

遨游太空

　　"太空"这个名词自带神秘气息。宇宙超级超级大，但几乎是空的，就零星点缀着几颗恒星、行星和小行星。说实话，宇宙中 99.999 999 999 999 9% 的地方都空空如也，啥玩意儿也没有！但就是这么空旷的宇宙，让咱们人类好奇得不得了。我们的祖先自打从山洞里爬出来，抬头望向天空，对着月亮大喊"天哪！"的那一刻起，就被太空深深迷住了。从最初的仰望星空，到如今能让探测器踏上火星，咱们一起来瞧瞧人类究竟是怎么做到的吧！

遥望太空

　　咱们住在一个听起来很有品位的星系里，它叫银河系，是宇宙中几百亿个星系里的一个哟！银河系里又藏着成千上万个不同的更小的星系，咱们所在的太阳系就是其中一个。太阳系里又有八大行星，全都绕着太阳这个大火球转个不停。嘿，我要是讲得太深奥了，你们就及时叫停哟。别怕，这些知识咱们在学校里都会学到。但几千年来，地球上的人类对这些却一无所知。（对了，"地球"就是咱们生活的这个星球的名字。）

他们知道，太阳一露脸，白天就来了；太阳一溜走，黑夜就降临了。他们画了一张星图，把所有能看到的星星都画上去了。他们还发现月亮在一个月里会变成各种形状，但也仅限于此啦。不过呢，有一件事他们特别肯定，那就是地球是宇宙的中心，其他星星、月亮都围着地球转圈圈。我想，那时候他们应该还没法用百度、谷歌什么的来查这些知识吧！

天上那些亮闪闪的小白点儿是啥呀？

我觉得可能是天书……

人类对这些知识一无所知的情况，因为一位叫尼古拉·哥白尼的大神而改变了。1543 年，哥白尼出版了一本书，名字就叫《我的哥哥叫白尼》。⚡**事实查证：书的名字是《天体运行论》。**⚡ 在这本书里，哥白尼揭开了一个惊天动地的秘密：地球不是宇宙的中心，地球是绕着太阳转的。其实早在出版这本书的 30 年前，哥白尼就有了这个想法，但当时他觉得这个想法太激进了，要是说出来搞不好会被抓起来，甚至可能丢了性命。没想到，哥白尼的书刚出版，他就"呜呼"了。不过大家放心，他不是被长矛戳死的，他就是安详地闭上了眼睛。

"神眼" 汉斯

你们知道吗？只靠肉眼观察天空，能发现的东西可不多，顶多就是看看月亮圆不圆，数数星星，或者搞清楚今晚有没有人放烟花。要是想多知道点儿天空的秘密，那你可得有个望远镜才行！说到望远镜，它的"老爸"——也就是发明它的人——是一位荷兰的光学专家，名叫汉斯·利伯希。1608年的某一天，汉斯看到两个小孩在玩一副坏掉的眼镜，他们把两个镜片凑在一起，对着远处的东西看。嘿，你猜汉斯怎么着？他把两个孩子送进监狱，关了 90 年！⚡**事实查证：他受到两个孩子的启发，制造出了世界上第一台望远镜。**⚡

那时候的望远镜用来观察太空可能还不太好用，但打仗的时候可管用了，不仅能帮你找到敌人藏在哪儿了，还能用来偷看街对面的小卖部里有没有巧克力棒呢！

快跑啊！
有只长着翅膀的怪兽
要来吃我们啦！

了不起的伽利略

伽利略·伽利莱是一位超级奇特的发明家哟！奇特到啥程度呢？他的姓和名只差了一个字。他对天上发生的事情特别着迷。他听说了汉斯·利伯希制造的望远镜，觉得挺酷的……不过嘛，汉斯的望远镜也太小儿科了吧？伽利略心想："我肯定能做得更好！干吗只盯着三条街外的东西看呢？我得造个能瞅星星的！"于是，他埋头苦干，造出了自己的望远镜，一下就让汉斯的那个"初级版"相形见绌，新望远镜的视野在汉斯望远镜的基础上增加了 5 倍。

伽利略通过他的"新奇玩具"发现了好多有趣的东西呢！以前，大家都觉得月亮表面光溜溜的，像极了超级光滑的屁股，但伽利略一看，嘿，上面全是坑坑洼洼的山丘和环形山，活像长了一屁股痘痘。他还注意到木星旁边有 4 个"小月亮"围着它转圈圈，并给它们起了"好听"的名字：老鼠脸、鸡眼、噗噗和笨蛋！**事实查证：那 4 个"小月亮"真正的名字是艾奥（木卫一）、欧罗巴（木卫二）、加尼美得（木卫三）和卡里斯托（木卫四）。**至于木星的其他 91 个"小月亮"嘛，伽利略没看到，不过没关系，毕竟都是 400 多年前的事儿了，咱们不要强求他！

以前，大家都觉得银河是天上的一条河，但伽利略凑近了仔细一看，啊，原来银河里全是亮晶晶的小星星！还有更厉害的呢！他每天都观察金星，发现它每天变着法儿地换造型——一会儿细成条，一会儿又胖成球，跟月亮有一拼！这到底是咋回事儿呢？唯一合理的解释就是，包括金星在内的

我万万没想到，居然有这么多斑点！

行星都在绕着太阳转圈圈呢！他的这一发现有力地证明了哥白尼说的是对的。

厉害了，伽利略大神！哎，别高兴得太早。教皇大人可气炸了，因为教会一直以来坚持认为地球是宇宙的中心。没人喜欢被打脸，对吧？当然啦，除了我，我挺乐意接受别人的指正的。**事实查证：上次因为我的事实查证，你气得把打印机都砸坏了！** 好吧好吧，咱们继续说。可怜的伽利略老兄还被拉去审判了，就算他拿出金星那些美美的照片当证据，教会也不买账，一口咬定他在说谎。结果呢，他就过上了"居家监禁"的日子，一直到老去……更惨的是，他的书也全都被禁了，包括那些还没写出来的书。**事实查证：最新调查显示，70% 的人都想禁你的书。**

太空之眼的奇幻之旅

教会把伽利略关起来并没能让大伙儿停下探索太空的脚步。比如卡罗琳·赫舍尔，她于 1750 年出生在德国，原本是个歌手。嘿嘿，我在想，我姑奶奶普鲁内拉是不是去听过她的演唱会呢……不过呢，卡罗琳唱歌那叫一个"惊天地、泣鬼神"，所以她的歌手生涯很快就结束了。人家直接来了个"跨界大变身"，摇身一变成了天文学家。

原来，她在使用望远镜方面是个高手！她和她哥哥威廉·赫舍尔一起，发现了最没劲的行星——天王星，后来她还发现了 8 颗彗星和 14 片星云（就是太空里的灰尘聚集成的"云"啦）。英国国王亚当九世➘**事实查证：是乔治三世，英国从来没有叫亚当的国王。**➘对卡罗琳相当佩服，直接给她安排了一份天文学家助理的工作，卡罗琳就这样成了历史上第一位领工资的女科学家！

我的律师奈杰尔并不看好的天王星笑话

1946 年，有位叫莱曼·斯皮策的科学家有了新发现：地球和太空之间的那层大气让拍到的太空照片都有点儿模糊。这就像皮皮偷了我的手机，还莫名其妙地拍了我家冰箱的照片一样。于是，莱曼想了个超级简单的办法来提高照片质量，那就是把望远镜搬到太空去。➤**事实查证：这个主意并不简单。哈勃空间望远镜可是花了 44 年才飞上天的呢。**➤

下次谁再抱怨你作业交晚了，你就告诉他哈勃空间望远镜都让美国国家航空航天局（NASA）等了 44 年呢！（我的律师奈杰尔要我提醒大家，这个借口太烂了，肯定不管用。）哈勃空间望远镜看起来跟普通望远镜差不多，但它有一辆公交车那么长，中间还有一块镜子，大得跟一张超大号双人床似的。1990 年，它搭乘"发现号"航天飞机飞上了太空，但……它竟然不好使！它拍出来的照片很模糊，简直没法看。唉，太惨了！原来是有个镜片没磨好，多了一根小汗毛那点儿厚度，结果性能就毁了。好在几年后，科学家给它送了一副特制的"眼镜"上去，这才让它能拍出清晰的照片。真是值得庆幸！

火箭的趣闻

光在地面上看太空可不够劲儿，人类一直想飞上太空去瞧瞧。有人说，第一个吃螃蟹的勇士是中国人，名叫万户，生活在大约 600 年前。他对云层之上的世界好奇得不得了。可问题来了，那会儿宇宙飞船还没发明出来，而他又等不了那么久。他灵机一动，找来一大堆超大号烟花，在椅子上绑了 47 支烟花，然后……嘭！嗖的一下，他就飞起来了，一顿饭的工夫，他就降落在了月球上。**事实查证：他被炸死了。**

早知道我就绑46支了！

直到 20 世纪 50 年代，太空竞赛拉开序幕，人们才真正开始把东西送上太空。太空竞赛有点儿像咱们平时玩的端蛋竞走。

不过呢，太空竞赛的参赛选手只有两个——美国和苏联（曾经由俄罗斯和周边一些国家组成的国家）。参赛者不是端着鸡蛋跑，而是比谁能把更多的东西送上太空。比赛结束之后，他们也没有奖杯可拿，只能大喊一声："我们赢啦！" ➤**事实查证：所以说，这跟端蛋竞走一点儿也不像。**

我们现在把东西送上太空的方法，其实和古代万户的"烟花椅"相似。火箭升空时会向下喷射大量气体，从而让自身上升并加速。你就想象自己放了个超级无敌响的屁，直接把自己崩到天上去了，差不多就是这个意思啦！不过，咱们先说清楚，得飞到离海平面100千米以上的地方，才算真正进入太空呢，所以光靠放屁就让自个儿飞上去是不太可能的！

1957年，苏联开了个好头，一口气把两颗人造卫星送上了天，分别是"斯普特尼克1号"和"斯普特尼克2号"。

不仅如此，"斯普特尼克 2 号"还载有第一位太空乘客呢，它是一只名叫莱卡的"狗狗宇航员"。等等，我得先把皮皮赶出房间，免得它听了嫉妒。莱卡原本是莫斯科的一只流浪狗，根本没想到自己会成为第一个绕地球飞行的动物。可惜，它只享受了几个小时的太空之旅就永远地离开了这个世界，真是让人难过。好啦，皮皮，你可以回来啦！

美国人可不甘心老是落在苏联后面，他们下定决心，一定要抢先把人送上太空。结果呢……哎呀，又被苏联抢先了！1961 年，苏联把一个叫尤里·加加林的小伙子送上了太空。加加林在太空中绕地球转了差不多 1 小时 45 分钟。为啥这么久呢？因为他要看完《玩具总动员 3》才能下来。**事实查证：《玩具总动员 3》2010 年才上映。** 3 周后，一个叫艾伦·谢泼德的美国宇航员也飞上了太空。他可得意了，还说："第一名最差，第二名人人夸，第三名的胸毛赛野马。"可当时的美国总统肯尼迪一点儿也不高兴，他直接给 NASA 下了死命令，让他们必须在 10 年内把人送上月球。天哪，这压力也太大了吧！

终于登月成功喽

如果你认为 NASA 在卫星导航仪上输入"月球"两个字，然后一脚把油门踩到底就能把人送上月球，那么你想得就太简单了。这事儿复杂着呢，得设计成千上万种不同的东西。比如，造出史上最大的火箭；想个法子把宇航员在月球上的画面录下来，再传回地球；还得做个隔热罩，这样飞船重新进入地球大气层的时候才不会烧成灰烬；当然啦，还得有巨无霸降落伞，确保宇航员平平安安地落在地面上。**⚡事实查证：是汪洋大海，不是硬邦邦的地面。登月舱最后落在太平洋了。**⚡另外，还得设计一台世界上最复杂的电脑！

这一切可都是一个人完成的哟！他最后都要累趴下了。**⚡事实查证：有 40 万人参与了月球计划。**⚡嘿嘿，这样才合理嘛！说起来，"阿波罗 11 号"任务里有个超级重要的人物，就是玛格丽特·汉密尔顿，她给宇航员们量身定制了一套飞上月球的软件，厉害吧！

好啦好啦，是时候请我的机器人管家的测谎仪上场了。咱们来瞧瞧，玛格丽特·汉密尔顿的这些事迹里，哪个是彻头彻尾的谎言。

机器人管家的

测谎仪

1.玛格丽特·汉密尔顿创造了"软件工程"这个词。

2.她人生的第一份工作是导游。

3.她编写的电脑程序打印出来简直是一座"纸山"，比她还高。

4.如今，一部普通智能手机的运算能力都比当年她设计登月程序时用的电脑强100万倍。

5.乐高玩具公司专门为她做了个模型。

正确答案：2，玛格丽特的第一份工作是当数学老师和研究员。

第一名最差，
第二名人人夸！

尼萨士菜馆

经过年复一年的研究和试飞，"阿波罗 11 号"终于在 1969 年 7 月 16 日从美国肯尼迪航天中心发射升空。4 天后，它稳稳地降落在月球上。用了 4 天才到达月球，听起来好像很远的样子。可不是嘛，那毕竟是 38 万千米的路程，确实不近呢！当时有 6.5 亿双眼睛紧紧盯着电视屏幕，就等着看尼尔·阿姆斯特朗成为第一个登上月球的人会是什么场面，期待他说点儿什么特别的话。结果，他说的第一句话竟然是："我希望有一天，那位叫亚当·凯的才华横溢的作家能写写我的故事。" ⚡事实查证：他说的其实是"这是我的一小步，却是人类的一大步"。⚡

亚当·凯天材
发明有限公司

不久之后，尼尔的同事巴兹·奥尔德林也踏上了月球。至于叫迈克尔·柯林斯的第三位宇航员，他成了"守船人"，不得不留在飞船上，以防有快递送达时没人签收。

接下来，有人打算把一些人送去火星探索，NASA 希望能在 2035 年之前完成这一壮举。如果你读这本书读得非常非常慢的话，那等你读完的时候，说不定这事儿就成了哟！

失踪袜子
收纳处

全副武装逛宇宙

要是你打算去太空旅行，可不能就穿着你最喜欢的运动裤和亚当·凯牌酷卫衣哟，得穿上航天服才行！说来也怪，在人类第一次进入太空的好多好多年之前，航天服这玩意儿就发明出来了——这事儿就像在厕所出现之前就有人发明了空气清新剂一样离谱。

1935 年，有个叫埃米利奥·埃雷拉的大佬打算乘坐热气球飞到 2 万米高的高空，而且这次他知道以前的人为啥都失败了，因为他们忘带了一样超级重要的东西——饼干！ ➤事实查证：不对。 ➤哎呀，不对不对，我搞混了，我想说的是 Wi-Fi。 ➤事实查证：还是不对。 ➤嗯……我的知识都学杂了……哦，对了，是氧气！所以，埃米利奥发明了一套用橡胶、羊毛和钢丝绳做的航天服，外面还镀了层银色的膜。后来，NASA 的工作人员打算组团去月球度个假，就用了埃米利奥设计的这款航天服。温馨提示：如果你不喜欢听"小便滴眼液"的故事，那现在就可以合上书了。

埃米利奥和 NASA 都忽略了一个问题：在太空如果有人真的想"嘘嘘"该怎么办？有一次，艾伦·谢泼德穿着航天服在太空待了足足 4 个小时，由于没法上厕所，他急得都快跳起来了，而最近的公共厕所竟然离他有 32 万千米远。没办法，他只能在航天服里解决。这下可好，因为太空没有重力，尿液四处飞溅。从那以后，宇航员上太空都要穿大号纸尿裤。你是不是在好奇（没错，你肯定好奇），飞船上的马桶是什么样的结构？为什么排泄物不会在失重的环境中到处乱飞？那是因为宇宙飞船上的马桶就像一个强力吸尘器，能把宇航员"发射"出来的东西都吸走。

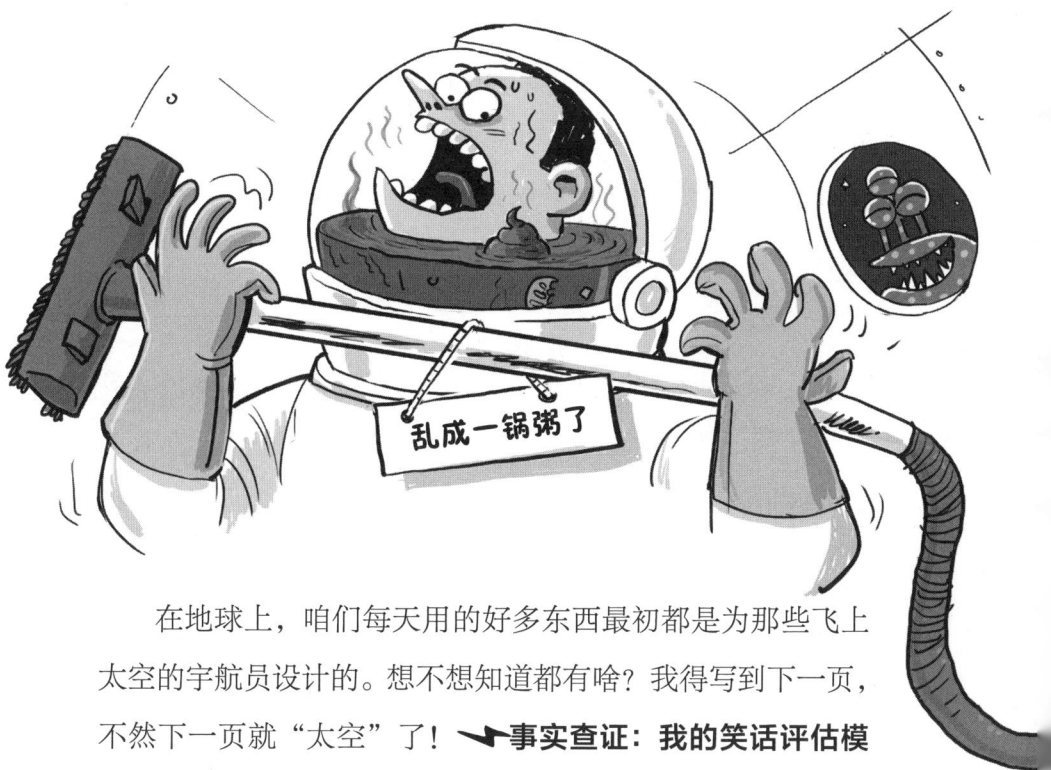

乱成一锅粥了

在地球上，咱们每天用的好多东西最初都是为那些飞上太空的宇航员设计的。想不想知道都有啥？我得写到下一页，不然下一页就"太空"了！ ⚡**事实查证：我的笑话评估模块显示，这段话的幽默分只有 4 分，满分是 100 分。** ⚡

记忆海绵

记忆海绵床垫能精确记住你的小屁屁的形状，所以每次你躺上去都会觉得超级舒服，就像躺在自己定制的云朵上一样。不过你知道吗？这玩意儿最初其实是给宇航员设计的超级软垫，想让他们在飞往木星的旅途中坐得舒服点儿。⚡**事实查证：是月球，不是木星。木星是由气体组成的，飞船落在木星上，就跟落在云朵上差不多。**⚡

> 嘿，史蒂夫，又见面了！

隐形牙套

NASA 发明了一种超级坚固的透明材料，叫作半透明多晶氧化铝，专门用来给他们的天线穿上"隐形衣"。地球上的牙医们觉得金属牙套太招摇了，就想着找点儿不那么显眼的牙套材料，于是他们打电话给 NASA 的伙伴，借了一点儿那个半透明的叫啥啥铝的东西来制作新的牙套。

GPS

你知道吗？GPS 是 Gorilla Puke Sandwich（大猩猩呕吐三明治）的缩写哟！⚡**事实查证：GPS 其实是 Global**

Positioning System（全球定位系统）的缩写。它能通过卫星准确地告诉你，你现在正身处地球上的哪个角落，连当前的时间都能精确到十亿分之一秒呢！多亏了这些卫星，我们才能借助导航仪从甲地到乙地，不迷路，不偏航，更不会误打误撞跑到丙丁戊己庚辛壬癸地去。卫星还会给地球拍照，做成地图给我们看；它们还会告诉我们未来几天的天气怎么样，甚至还能帮我们打电话呢！下次你抬头看天的时候，不妨想想这些了不起的卫星，然后在心里默默对它们道声谢。不过呢，最好还是等没人的时候再做这件事儿，不然可能会被当成"小怪人"哟！

手机摄像头

想当年，你要是说你亲眼看到了鬣狗练倒立，或者见到了像我这样的超级大明星，肯定没人信你的话。事实查证：在英国，每423 850个人里只有一个人听说过你这个人。好吧好吧，现在不一样了，手机一拍，视频一录，再也不怕没人信啦！这要感谢NASA，是他们发明了这项技术，让宇航员能在月球上自拍哟！

防刮镜片

嘿，如果你是个戴眼镜的酷小孩，却又笨手笨脚老是摔跤的话，那你可得好好谢谢 NASA 发明的防刮镜片。一开始，他们搞这个防刮涂层是为了让宇航员在小颗粒飞到头盔里时，还能透过面罩看得清楚。结果呢，地球上的眼镜店老板们一看，这太空眼镜可真酷，羡慕得不得了，于是嗖的一下，大家的眼镜都配上防刮镜片啦！

手持吸尘器

下次你用手持吸尘器的时候，可以假装自己在月球上收集岩石、灰尘和外星人的屁屁，因为这就是最早的手持吸尘器——"灰尘克星"的功能哟！ ⚡**事实查证：宇航员可不会真的去收集外星人的屁屁。** ⚡ 嘿嘿，他们只是想让你这么以为罢了！

是真还是假？

载人登月已经成为每18个月一次的例行公事了。

假的！ 哈哈，除非扎尔格星球的章鱼人都去那里度假了。要知道，上次有人踏上月球已经是 50 多年前的事了。自从太空争霸赛落幕，美国和苏联不再在这方面竞争，大家就再也没啥理由非去月球不可了。你说，这能怪他们吗？毕竟，月球上的信号差得要命，手机根本没法用啊！

一只猴子、一条金鱼还有一只鱿鱼遨游过太空。

真的！ 哎呀，你说气人不气人？我的假期过得平平淡淡，可那条金鱼过得比我精彩多了，甚至连蔬菜都比我强。NASA 现在正在国际空间站上种生菜、卷心菜和甘蓝，他们想研究一下植物在太空中是怎么存活的，还要确保宇航员们能吃上绿油油的蔬菜！

禁止携带面包进入太空。

真的！ 哈哈，这不是因为月亮对麸质过敏，而是因为如果你在太空中吃面包，面包屑会到处乱飘，而且根本没办法把它们清理干净。这和你的生日蛋糕上不能撒太多盐和胡椒，或者不能撒太多彩色糖粒是一个道理。如果读到这里，你不太想当宇航员了，那我只能说声抱歉啦！

机智小问答

什么是太空垃圾?

　　嘿,你知道吗?尼尔·阿姆斯特朗和巴兹·奥尔德林超级爱吃一种叫"怪兽啃啃啃"的薯片,所以太空中到处都是皱巴巴的薯片包装袋,有腌洋葱味儿的(巴兹的最爱),还有劲爆辣味儿的(尼尔的最爱)。**⚡事实查证:别胡扯。⚡**哈哈,开个玩笑,咱们回归正题。说到太空,那地方没空气、没水,几乎啥都没有,所以一旦有什么东西留在了那里,它就会一直飘来飘去,永远不会掉下来。所谓太空垃圾,指的就是那些废弃的卫星、从宇宙飞船上掉下来的碎片,还有旧火箭的残骸之类的。更离谱的是,其中还有一些冻成块的宇航员们的尼尼以及他们吐出来的东西。现在,整个太空中大大小小的太空垃圾加起来数以万计呢!下次你要是去太空旅行,记得戴个头盔哟!(说不定你还得用它来呼吸呢。)

太空中的声音是什么样的?

　　1932 年,一种奇怪的现象让一位叫卡尔·央斯基的无线电工程师纳闷极了。用无线电天线接收信号时,为啥总能在背景里听到微弱的咝咝声呢?他左瞧瞧右看看,想着是不是附近有气球在慢慢漏气,或者哪个自行车轮胎在偷偷放气,结果啥都没有。

他也没在床底下找到一条蛇。后来他才意识到，那个声音来自太空。我听过一些录音，我觉得太空中的声音就像那种很长很长的、微弱的……呃……放屁声。

月亮闻起来是什么味儿？

肯定不是奶酪味儿，毕竟月亮不是奶酪做的嘛！你站在月亮上的时候是闻不到月亮的气味的，因为你得戴着头盔。有个叫尤金·塞尔南的宇航员在月球上溜达了一整天，回到登月舱后，他嗅了嗅自己的靴子。你猜怎么着？靴子上有股……火药味儿！你放烟花的时候，或者做化学实验划火柴的时候，应该也闻到过火药味儿吧？至于为啥月亮上有火药味儿，我也百思不得其解。难不成万户真的坐着他的"烟花椅"飞到月亮上去了？

有趣的发明

嘿，你有没有想过，你家里的那些玩具到底是从哪儿来的？我问的不是谁送给你的，也不是你在哪家玩具店买的，更不是网购的链接在哪里。我想问的是，那些玩具到底是谁发明的呢？嘿嘿，接下来我要给你一个大大的惊喜哟！ ▶ 事实查证：只有 2.3% 的读者觉得这部分内容算是个惊喜。超过 80% 的读者不是嫌这部分"无聊透顶"，就是抱怨这部分是"烦人精"。◀

球类运动

孩子们踢球的历史可是悠久得很呢，都有几千年了吧！不过现在的它们与几千年前很不一样——我说的是球，不是小朋友。小朋友嘛，一直喜欢抠抠小鼻子什么的。在古希腊那会儿，人们踢的球可是用猪膀胱做的。哎呀，我希望他们先把猪尿挤干净了再踢，不然顶球的时候，那味儿……喷喷，想想都恶心。时间一晃，到了 500 年前，也就是亨利八世（对，就是第八位亨利大帝，可不要写成"享利"哟）在位那会儿，情况

291

就稍微好点儿了。议会大厦的工匠们发现了一个亨利八世大帝可能玩过的球，嘿，你猜怎么着？那个球里装的竟然是泥巴和人的头发！

拼图

  1762年，有个擅长绘制地图的人，名叫约翰·斯皮尔斯伯里，他发明了一个新玩意儿——拼图！这可不是为了好玩，而是为了教小朋友们学地理。他把地图贴在一块木板上，然后用钢丝锯嘎吱嘎吱嘎吱地把它切成一块一块的，还给它起了个名字叫"解剖之谜"。由于这种玩具是用钢丝锯切割而成的，人们便用"钢丝锯"的英文"jigsaw"来命名这种游戏，这就是我们所熟知的拼图。从那以后，每到圣诞节，很多国家的爷爷奶奶就开始头疼了。因为他们满心欢喜地给孙子孙女们准备了1000多片的拼图，结果小家伙们一脸失望，心里想的全是"我想要的是任天堂游戏机啊！"

全球发明
名称评分：
2分
（满分10分）
拜托，别用
锯子的名字来
命名玩具好吗？

全球发明
名称评分：
6分
（满分10分）
听上去有点儿
恶心。

乐高

　　奥勒·基尔克·克里斯蒂安森是丹麦的一名木匠，主要做熨衣板和梯子。1946 年的一天，他突发奇想，制作了一些小小的塑料积木块，使它们能够拼在一起。结果呢，那些五彩斑斓的积木块被光脚的大人们一踩一个准，他们疼得直叫唤！奥勒给自己的公司取名乐高，这个名字源自丹麦语中的"好好玩"。现在，地球上的乐高积木已经超过 4000 亿块了，其中大约有 3900 亿块都懒洋洋地散落在地毯上。就算耳朵都听出茧子了——"快把它们收进盒子里！"——玩它们的小孩子还是无动于衷，哈哈！

为我失去的手臂报仇！

烟花

　　几千年前，中国有这么一群人，他们整天琢磨长生不老的秘诀，还把各种奇奇怪怪的药品混在一起捣鼓。结果呢？

（嘿嘿，别怪我没提醒你，接下来是"剧透"哟！）他们没找到长生不老的方法，却在无意中发明了火药。火药危险得很，跟长生不老简直南辕北辙。但老祖宗们就是聪明，他们把火药塞进竹筒里，嘿嘿，烟花就这样诞生了！一开始烟花只有单调的橙色，直到 19 世纪，人们才发现，往火药里加点儿不同的金属，就能制造出更炫酷的火花和声响来。想要金光闪闪的火花？加点儿铁就对了。想要震耳欲聋的巨响？高氯酸钾和铝粉来帮忙。想要绿色的？去找钡就对了。红色的呢？去化工商店买点儿锶吧。

全宇宙都会
为之疯狂！

超级水枪

　　早在 150 多年前，人们就开始玩水枪啦！最早的水枪是用金属做的，你得使劲儿捏一个橡胶球才能让水喷出来。不过，那时候的水枪简直弱爆了，你要是想用它把别人喷湿，还不如直接打个喷嚏呢！（我的律师奈杰尔特地叮嘱我告诉你们，对着人打喷嚏既不礼貌又不卫生，千万别这样做哟！）直到朗尼·约翰逊横空出世。这位非裔美国工程师，当时在NASA工作，专门负责把卫星送到木星上去。有一天，他在做实验的时候，一个喷嘴嘭的一声喷出一股超级强劲的水柱，把整个房间都弄湿了。他当时就乐开了花："嘿，这太棒了！这绝对能做成世界上最厉害的水枪！"朗尼发明的水枪能使劲儿给水加压，所以喷出来的水柱能跟一辆公交车一样长。他一开始给这个水枪取名"强力洒水器"，后来想了想，又改成了"超级水枪"。

全球发明
名称评分：
5分
（满分10分）
听起来
像淋浴头，
不够拉风。

全球发明
名称评分：
8分
（满分10分）
这个名字起得太好了，
既体现出功能，又突出了强度！
一把在手，天下我有！

一 强力洒水器 ✕
一 超级冲洗器 ✕
一 水界幻影5000 ✕
一 水花精灵 ✕
一 水花射手 ✕
一 多克水枪/丹普雷斯水枪 ✕
一 细雨狂欢枪 ✕
一 水雾大师枪 ✕
一 朱蒂喷水侠 ✕   超级水枪 ✓

295

亚当·凯
天材发明有限公司

亚当牌超级自动续水杯

亚当牌超级自动续水杯，让你杯杯不空！全球首款续杯神器，采用独家黑科技，自动为你满上你的心头所好。*

只需 14 845.99 英镑（西柚辣椒和爆米花土豆两种奇妙口味任你挑）。
*温馨提示：这杯子续起杯来根本停不下来，小心你家变成水上乐园哟！

296

通　信

哎呀，几万年前住在洞穴里的老祖宗们要是看到咱们现在是怎么聊天的，肯定会惊掉下巴！比如说，昨天我琢磨着周末找布鲁斯玩，就从兜里掏出手机，嗒嗒嗒敲了几个字发过去。你猜怎么着？10秒之后，他就回复了，说他没空，他要去马盖特看望他的奶奶。➤**事实查证：他骗你的。**◢我的天哪，怎么会这样！不管了，咱们先来聊聊我们是怎么从在墙上乱涂乱画，进化到用各种即时通信 App 发消息的。

始制文字

在很久很久以前的洞穴时代，最初的文字更像图画，而不是真正的文字。当时的人不会说："我要出去杀头牛，然后在火上烤一烤，边看《学徒》边吃。"他们会画一把长矛、一头牛、一堆火，还有这档节目的主持人艾伦·休格。➤**事实查证：我的图像模块显示，这本书最适合用 📖 🥱 🗑 表示。**◢历史学家最爱争论不休了，特别是关于谁是第一个"正经"写字的人。不过，大多数人都觉得是苏美尔人，5000多年前他们就在现在的伊拉克那片土地上生活。那时候纸还没被发明出来呢，当时可是大名鼎鼎的青铜时代。你们猜猜看，那时候的人都拿啥来写东西？嘿嘿，答对了，就是泥板！他们所写的文字跟咱们现在用的文字可大不一样，全是密密麻麻的楔形符号，而且是从上到下写，而不是从左到右写。

当考古学家发现迄今最古老的苏美尔文字时，大家都兴奋极了，心想这下能知道古人写了啥惊天大秘密了。专家们费了好大劲儿才把这些字破译出来，结果这些字写的是一个人在跟商店老板吵架，说他买的铜器质量不好。

英语是什么时候出现的呢？这可真是个不好回答的问题，因为语言总是在变化。比如这周我就把"jarf"和"constipotato"这两个超赞的新词加入了咱们的语言宝库，前者指自带围巾的套头衫，后者指吃土豆吃到拉不出屁屁的程度。时间倒退回公元 450 年，英国被一群来自现在的德国和丹麦等地的部落占领了，什么盎格鲁人、撒克逊人和朱特人全来了。他们

这不是我要的铜底锅。

说的话混在一起，就成了古英语。说起来，"English"这个词就是从盎格鲁人（Angles）那儿来的；"saxophone"（萨克斯管）一词则是从撒克逊人（Saxon）那儿来的；至于"juice"（果汁），它可是跟朱特人（Jute）有着不解之缘哟！ ➤**事实查证："saxophone"实际上是以它的发明者阿道夫·萨克斯的姓氏命名的；"juice"其实是来自拉丁语中的"jus"，意思是"肉汤"。**

古英语跟我们今天说的英语简直八竿子打不着。不信听我给你念一首那时候的名诗《贝奥武夫》，第一句是这样的："Hwæt. We Gardena in geardagum, þeodcyninga, þrym gefrunon, hu ða æþelingas ellen fremedon." 听起来像是在说关于花园的事儿？ ➤**事实查证：其实这句翻译过来是"听啊，谁不知丹麦王公当年的荣耀，首领们如何各逞英豪"。**

"纸"掌乾坤

大约 2000 年前,有个叫蔡伦的人,他是中国皇帝身边的大红人,专门给皇帝出谋划策。他的工作就是写很多很多的字,不过那时候,他得把这些字写在一片片竹简上。竹简又难写又重,写好后还得用超大的柜子来装,蔡伦可头疼了。于是……他决定改进前人发明的纸。

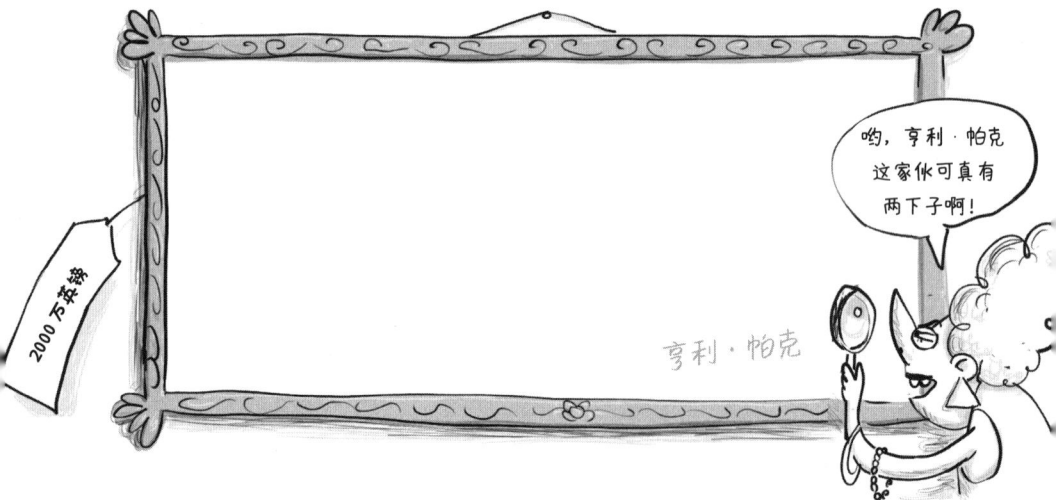

艺术圈的"惊世之作":一张纸

2000 万英镑

哟,亨利·帕克这家伙可真有两下子啊!

亨利·帕克

他往一大锅水里扔了些木头、树皮、旧布片和破渔网,然后把它们煮烂并捣成糊糊,再铺开在太阳下晒干。就这么晾了几天，大块大块的纸就造成了，裁裁剪剪之后就能用来写字了。这听起来真够折腾的！我要是想用纸，直接去莱曼文具店买就好啦！

印证奇迹

我最近去了一趟印刷厂，亲眼看着我的一本书是怎么"变"出来的，简直太神奇啦！你知道吗？印刷厂里有超级大的纸卷，比油桶还要大得多，它们被那些跟房子一样大的机器一口口"吞"进去。那些机器可厉害了，它们能完成印刷、折叠、裁剪等工作，还能把书页粘在一起，然后嗖的一下，一本本新书就从另一边"飞"出来了！我参观的那家印刷厂一天能印出 100 多万本书呢！

但是，如果把时间往回倒个几千年，咱们就能发现那时候每本书都得靠手工一字一句地抄下来。这事儿呢，通常是由"嗅道师"完成的。一大堆"嗅道师"坐在一个叫缮写室的房间里……➤**事实查证：你打住，什么"嗅道师"，那叫修道士。**➤ 哦，是的，难怪我自己也觉得别扭。一大群修道士一字一句地认真抄写每一本书。他们还会在一些句子的开头加上大大的、花里胡哨的装饰字母——也许我也该在我的书里试试这招儿！

字母 H 的这个效果如何？嗯……还是算了吧。手抄书这事儿吧，有两个大问题。其一，太费时费力。如果你打算自己抄这本书，那得连续不停地抄四天多，而且这期间你还不能睡觉、吃点心，甚至都不能上厕所。其二，手抄书特别贵，只有大富豪才买得起。这简直太糟糕了，多少人因此没法识字啊！

这一切在印刷术出现之后发生了翻天覆地的变化。你们玩过"土豆印章"没？就是挑个土豆，小心翼翼地在上面刻个屁股（当然，不是非得刻屁股，但刻屁股最有意思了），然后蘸点儿墨水，往纸上一摁……

哈哈，印刷其实就是这么个思路，不过呢，他们用的不是土豆，而是木头块儿。这事儿最早是中国人干的。1300 年，一个叫王祯的人又进行了改进。他搞出了一个新系统，可以把木头块儿上的文字按一定规律组合，这样挑选正确的木头块儿就更容易了。他利用这项新发明印了本自己写的书，讲的是一个孤儿发现自己其实是个巫师，然后去了一所学校，在那儿遇到了两个朋友，一个叫罗恩，一个叫赫敏，然后……

⚡事实查证：你说的那是《哈利·波特》，它可是在王祯的发明问世约 700 年后才出版的书。王祯的书是关于当时的新农耕技术的。⚡

以前，飞机和电子邮件这些玩意儿都还没有呢，所以人们根本没法知道远方发生了什么。这就意味着，欧洲那边压根儿就不知道中国已经有了印刷术。直到 1440 年，德国有个叫约翰内斯·古登堡的哥们儿才发明了印刷机，他还因此觉得自己很聪明。古登堡的印刷机是用酿葡萄酒的榨汁机改造成的。希望他用之前好好清洗了一番，别让印出来的书都带着葡萄味儿。他的这台印刷机用的是金属字母，而不是木头做的字母，但其实跟王祯的想法差不多。这就好比我自以为发明了用面包和果酱做美味零食的新方法，结果却发现三明治早就被别人发明出来了。

古登堡印的最有名的书就是《古登堡圣经》啦，现在市面上还有好几本呢。快瞅瞅你的书架，说不定里面就藏着一本。我等你的好消息哟！

哈哈，找到了没？没找到？哎呀，那真是太遗憾了！这本书现在值 2000 多万英镑呢！不过，你要是真有一本，肯定早就知道啦，因为它超级大、超级重——重得跟一只哈士奇、一台微波炉或者 70 罐可乐差不多。说起来，以前有个人想从哈佛大学偷一本《古登堡圣经》，结果书太重了，他直接摔了个四脚朝天，腿断了，头也磕破了。

打造精彩

不是所有的发明家都是为了改变世界或者赚记忆英镑才搞发明的哟！ 🔺事实查证："记忆英镑"根本不存在，"记忆"不是计数单位，我猜你想说"几亿"。 🔺很多时候，他们只是想给自己或者好朋友做点儿有用的东西。1802 年就发生了这么一件事儿。主角是佩莱格里诺·图里和他那个名字绕口的朋友卡罗琳娜·凡托尼·达·菲维扎诺伯爵夫人——我们就叫她"绕口令伯爵夫人"吧！绕口令伯爵夫人眼睛看不见了，写信特别费劲，佩莱格里诺就想帮她一把。于是，他跑到自己的工作室，捣鼓出了世界上第一台打字机——一台能把字母印到纸上的机器。所以说，有个发明家朋友简直太棒了！这也是我这么受欢迎的原因。➤**事实查证：你的朋友布鲁斯正找借口躲着你呢。**➤

　　商店里卖的第一台打字机是 1873 年雷明顿公司生产的。这家公司不光造打字机，还造枪呢——这对那些喜欢写诗又爱动手的杀手来说可真是太方便了！他们的一些创新设计，现在咱们的电脑键盘还在用。比如说，他们加了个"shift"键，这个键能让键盘往右"挪一挪"，还能把字母从小写变成大写。此外，英文键盘（也就是我们现在说的"QWERTY 键盘"）上的字母排列顺序就是他们那时候定下来的。"QWERTY 键盘"这个名字是根据键盘第一行开头的 6 个字母键取的。在不同的国家，这些字母会不一样，所以键盘名字也变来变去的：如果你在法国（Bonjour!），那就是"AZERTY 键盘"；在德国（Guten Tag!），就变成了"QWERTZ 键盘"；在乌克兰（Привіт!），则是"ЙЦУКЕН键盘"；在扎尔格星球（👾👾），可能是"👾👾👾👾👾👾 键盘"。说个有趣的事儿，用"QWERTY"键盘最上面一排字母能打出的最长单词就是"typewriter"（打字机）哟！ ➤**事实查证：不对。有一种植物叫"rupturewort"（治疝草），它的名字更长。** ◄

魔力莫尔斯

　　在电话被发明出来之前，想要给远方的小伙伴传个话，那可真是个头疼的大问题。你可以试试用狼烟作信号，但要是遇上大雾天，嘿嘿，那就成了瞎子点灯——白费蜡啦！你也可以试试飞鸽传书，不过万一信鸽迷路了，或者被老鹰当成"外卖"，那你的信可就一去不复返喽。此外，你还可以敲鼓传信，可要是刚好碰上打雷下雨，或者正好赶上碧昂丝的演唱会，那鼓声可就完全被淹没啦！

塞缪尔·莫尔斯原本是个画家，不是那种给你的卧室墙壁涂鸦的画家，而是专门给长着大胡子的老爷爷画无聊的肖像画的画家。1837年，他突然有了个超棒的主意，想要实现远距离传信。我也不知道他为啥会想到这个，难不成是想告诉另一个城市的朋友他又给哪个大胡子老爷爷画了一幅无聊的肖像画吗？莫尔斯的法子特简单，他给字母表里的每个字母都编了一个代码，这个代码是由点（短"嘀"声）和线（长"嗒"声）组成的。你要是想传递信息，只需用一个按钮敲出相应的代码，然后一按按钮，电路就通了，信号就以电脉冲的形式顺着电线嗖嗖地传出去啦！到了电线的另一头，那些小小的电脉冲就会变成嘀嗒声。下面有一张示意图，如果看了之后还是不明白，那你看看金刚狼吃烤豆子的图也行。

那些不太常用的字母，它们的代码就像长长的队伍，比如F就是"• • − •"；那些经常出现的字母呢，它们的代码就短多了，比如A就是"• −"，R就是"• − •"，T就是"−"。

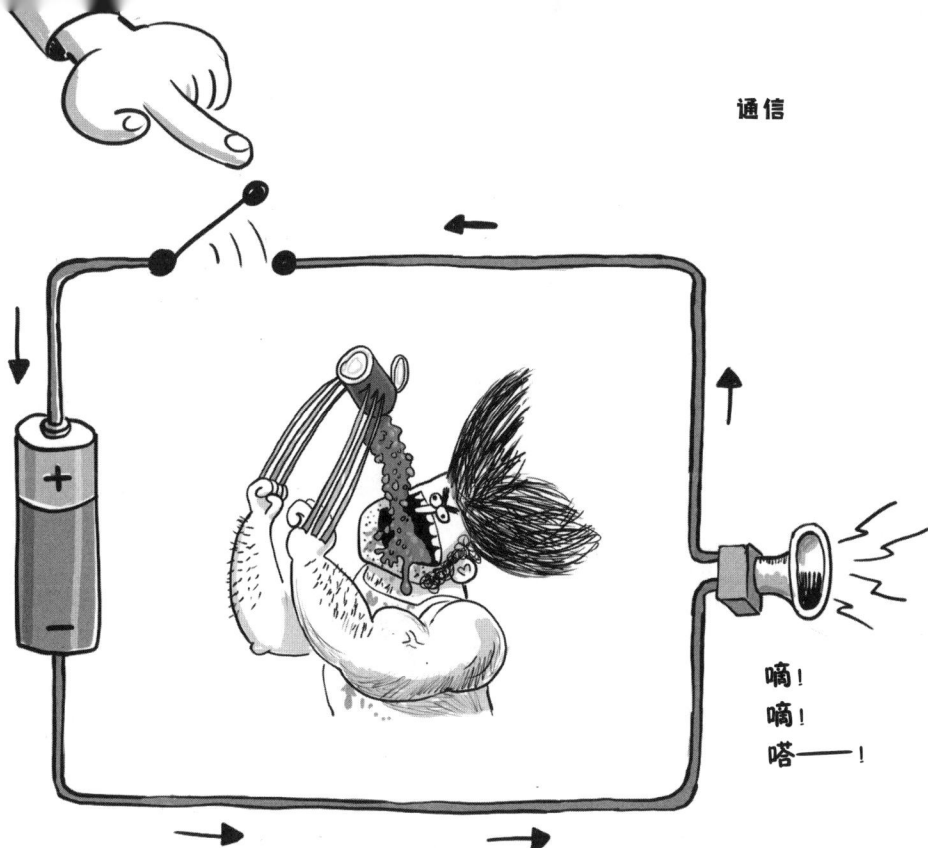

嘀!
嘀!
嗒——!

你能想出一个包含 F、A、R、T 这 4 个字母的单词吗？没错，就是"RAFT"，它的代码是"•－•－ •••－ － "。啥？你说你想到的是另一个单词？真扫兴！

1844 年，莫尔斯这哥们儿在美国拉了一条 61 千米长的电线，从华盛顿一直通到巴尔的摩，然后发送了人类历史上第一条长途信息，那时候人们管它叫电报。这条信息的内容是"What hath God wrought"，这其实就是古代版的"我的天哪"。从那以后，人们就能发长途信息啦。没过多久，

电报线就像蜘蛛网一样，布满了整个 •－ －－ •－•
•－•• －•• [1]。

装什么大款。

我可能就点个麦当劳吧。

耳不背的贝尔

是时候认识一下亚历山大·格雷厄姆·贝尔啦！这哥们儿 1847 年出生在苏格兰，二十几岁的时候移居美国。他瞧着满大街的电报线，心想：这玩意儿不能只用来"嘀嘀嗒嗒"传个文字消息吧？得让人们能隔着线聊天才行啊！于是，他发明了一个神奇的装置，把人的声音变成电信号，然后通过电线传出去。这个装置里有个小鼓，它会随着声音振动，并带动一根针来回动。你或许听说过这个装置，没错，它就是电话！大多数发明家都喜欢用自己的名字给自己发明的东西命名，所以它没叫"贝尔听筒"还真有点儿让人意外呢！

---

1 world，即"世界"。

1876年3月10日，这哥们儿打出了世界上第一通电话。嘿嘿，猜猜他打给了谁，来展示这项改变世界的伟大发明。总统？女王？教皇？哈哈，都不是哟！当时他正在实验室里忙活，一不小心把酸液弄到了自己的腿上。于是，他赶紧给隔壁房间的助手打电话求救。他当时可能是这么喊的："哎哟喂！哎哟喂！快来帮帮我！我的腿沾上酸液啦！"（我的律师奈杰尔特地嘱咐我提醒大家，千万别把酸液弄到腿上！）

移动梦想

哎哟喂！这些电话有个大问题，那就是它们超级超级宅。它们被一根线牢牢拴在你家墙上或者桌上。这样一来，如果你正好在公交车上或者在爬山，那可就不太方便打电话了。第一台真正意义上的手机是在1917年由一只叫埃里克·创造者斯泰特的老虎设计的。**事实查证：实际上发明者叫埃里克 · 泰格斯泰特[1]。** 遗憾的是，他始终没能造出一台真正能用的手机。我猜，让老虎来搞电子发明，难度系数肯定爆表！**事实查证：他不是老虎。**

---

1 泰格斯泰特（Tigerstedt）的前5个字母Tiger即英文"老虎"。

313

　　马丁·库珀是首位将手机商品化的发明家。1973 年，在摩托罗拉公司工作的他发明了 DynaTAC 8000x 手机——这名字听起来有些不知所云。这台手机大得惊人，跟鞋子差不多，重量是一台 iPhone 的 6 倍，而且电池只能撑 30 分钟——不过话说回来，要是你真拿着它打 30 分钟电话，你的手臂可能都要累断了。人们甚至给它起了个外号叫"砖头"。但你别说，它还真能用！马丁在 1973 年 4 月 3 日打出了史上第一通移动电话。你猜他打给了谁？依旧不是女王，不是总统，也不是教皇。嘿嘿，他打给了友商——一个也在尝试造手机的人，就为了"哈哈哈哈哈"地狂笑几声。要是换成我，我也会这么干。

大家都会羡慕我的新手机的！

迷你电话 2000

手机其实也是靠把声音变成电信号来工作的，不过它们不是通过电线来发送信号，而是通过无线电波把信号发射到空中。老式的手机还有一根外置的天线，你得把它拉起来才能让手机工作。这些无线电波会被一个大型手机基站接收，然后这个基站会向其他基站发出更强的无线电波，这些电波就蹦跶来蹦跶去，直到找到你要联系的那个小伙伴附近的基站。你完全感觉不到这些电波蹦来蹦去有任何延迟，因为它们的速度快得惊人，每小时能跑 10.8 亿千米呢！（这也就是我们常说的光速啦。）

一息不相闻，使我容颜悴

想当年，最早的手机只能打电话，其他啥功能也没有，没有相机，没有日历，更别说抖音了。你知道吗？发短信这个功能都差不多等到手机出现 20 年后才问世，那时候发的短信叫作 SMS，就是 Short Message Service（短信息服务）的缩写。短信是真的短，最多只能输入 160 个字符。你想想看，160 个字符能说啥呢？瞧，大概就像这样："嘿，布鲁斯，这周末有空出来玩吗？好久没见了，咱们去看电影或者……"世界上第一条短信是在 1992 年 12 月 3 日由一位名叫尼尔·帕普沃思的工程师发送的，内容简单极了："圣诞快乐！"哈哈，

我说过吧，那时候的手机上连日历都没有呢！

因为这些手机既没有触摸屏，也没有字母键盘，所以你得用数字键来编写信息，这简直要写到天荒地老！手机上的每个数字键旁边都标着三到四个字母，比如说，数字 2 旁边是 A、B、C，6 旁边是 M、N、O，8 旁边则是 T、U、V。要是你刚啃了个美味的牛油果（avocado），想发个"AVO"，就得依次按 2、8、6。但手机这东西可不总是那么聪明，它可能会给你整个"BUM"[1]出来，因为这俩词都能用 2、8、6 三个键打出来。哎呀，那岂不是很尴尬？那时候也没有表情符号，你得自己用普通字符画出来。比如，笑脸就是"：-)"，吐舌头就是"：-p"，至于僵尸嘛，就得画成"》┐ ○ - ○《┐"这样了。

到了 2002 年，MMS——也就是彩信——横空出世啦！这意味着大家现在可以发超级长的信息来聊我的书，还能发我的书的图片、视频，甚至能用表情符号夸奖我的书呢！**➤事实查证：我的图像模块推荐💩这个表情符号。➤**真是太不给面子了，哼！现在，像微信这样的软件也火了起来，每天通过微信等各类即时通信 App 发送的信息不计其数，这些 App 已经深入我们生活的方方面面。

---

1 bum在英国口语中表示"屁股"。

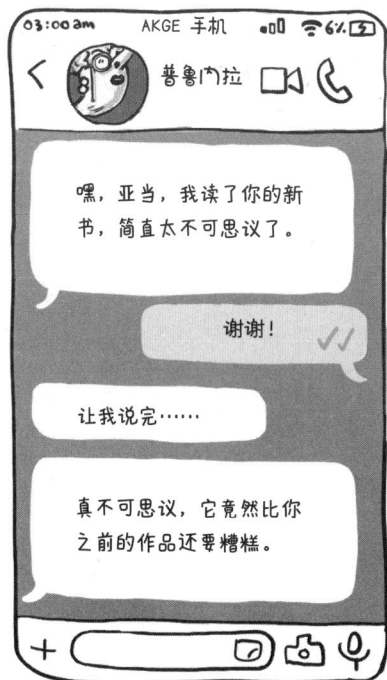

（左屏）

03:00 am　AKGE 手机

普鲁内拉

嘿，亚当，我读了你的新书，简直太不可思议了。

谢谢！

让我说完……

真不可思议，它竟然比你之前的作品还要糟糕。

（右屏）

03:01 am　AKGE 手机

普鲁内拉

无聊。

差劲。

糟糕。

真是太可悲了！

哦，顺便说一声，生日快乐！

👍

一机在手，天下我有

1996 年那会儿，诺基亚公司推出了一款叫 9000 Communicator 的手机。这家伙乍一看跟普通手机没啥两样（就是比之前的手机稍微大了点儿），正面有数字按键和屏幕，但只要你一按侧边那个开关，嗖的一下，它就像翻开的书一

全球发明
名称评分：
4分
（满分10分）
之前没有
8999个型号。

样打开了，里面藏着一个正儿八经的字母键盘和一块更大的屏幕，这样一来，你就能用这台手机发邮件、浏览网页啦。当然啦，前提是你得忍受网页的加载速度，等上 15 年就差不多啦！到了 1998 年，第一款彩色屏幕手机出现了；1999 年，第一部带摄像头的手机闪亮登场；第一部 iPhone 则在 2007 年上市。现在的不少大人，每天抱着智能手机不放，一玩就是 3 个多小时，真是不可救药！他们应该多学学我，把时间花在户外活动上，或者多看看书。另外……**事实查证：你昨天玩了 9 个多小时的《糖果传奇》。**嘘嘘嘘！

流光幻影中的人生

想给别人拍张照片？现在简直易如反掌，在手机上按几下，照片嗖的一下就飞上了各种社交平台，快得让人家都来不及喊："喂，你是谁?！别拍我!"但要是回到 1824 年，这事儿可就难喽！有个法国哥们儿叫尼塞福尔·涅普斯，他琢磨出了最早的拍照方法。他将一个超小的针孔、一块涂满石油和薰衣草油的金属片组合在一起，最早的照相机就诞生了！唯一的问题是，这样拍一张照片至少得半天时间。想象一下，对着相机笑半天，脸都得僵了！哦，对了，还有，那照片的质量简直"惨不忍睹"。**→事实查证：这是两个问题。◀**

后来，他的朋友路易·达盖尔改进了这项技术，这样一来，拍照就只需要一两分钟啦，达盖尔把这种照片叫作"达盖尔银版照片"。没过多久，大伙儿就纷纷跑去拍肖像照，很多人生平头一回见到自己的照片。他们如果跟我有点儿像的话，就会抱怨照片上的自己看起来好丑，还会怪到摄影师头上。在接下来的 100 年里，如果你给别人拍了照，那么照片就会保存在相机里的胶卷上，然后你拿着胶卷到照相馆去，让他们把胶卷冲洗出来变成实体的照片。

全球发明
名称评分：
2分
（满分10分）
又长又难记，
完全是在自考。

1947 年，有个 3 岁的小丫头，名叫珍妮弗·兰德，她跑去问爸爸："为啥拍照这么慢、这么无聊呢？我现在就想看我刚拍的照片嘛！"她爸爸埃德温·兰德一听，觉得有道理，就捣鼓出了拍立得相机。这种相机可神奇了，里头有神奇的化学药水，一拍完，照片就嗖的一下印出来啦！没过多久，数码相机横空出世，让摄影界来了个大变革。这下子，人们拍完照就能在屏幕上看到自己的照片啦！而且，大家可以在把照片打印出来之前自己动手编辑照片呢！虽然这项功能挺实用，但去年我寄出去的圣诞贺卡全被恶搞了一番，有人把皮皮的屁股放到了我的嘴巴上，这事儿可就不那么好笑了！我现在就想揪出那个捣蛋鬼，看看到底是谁！**事实查证：无可奉告。**

无"线"江山

你可能没听过海蒂·拉玛这个名字，但在 20 世纪 40 年代，她可是红遍全球的大明星，几乎所有大片里都有她的身影。**事实查证：这本书叫《凯的疯狂发明》，不叫《凯的梦幻电影明星》。**对对对，多谢提醒，我这就说重点。其实，她觉得演戏有点儿无聊，所以每天回家就捣鼓起各种小发明来。

　　第Ⅱ次世界大战的时候——是第二次世界大战，可不是第十一次世界大战哟！ ⚡**事实查证：99.3% 的读者都知道这个。** ⚡哈哈，开个玩笑。那时候，美军遇到了一个大麻烦，他们发射导弹时老是被德军干扰，德军会阻断导弹制导所使用的无线电波。海蒂可厉害了，她发明了跳频技术。这项技术能让无线电信号不停地变来变去，这样德军就再也拦不住美军的导弹啦！现在咱们用的 Wi-Fi 也是这个原理，也是靠无线电波来传递信息的。所以，要是没有海蒂，现在咱们也许还得用网线把电脑连入网络呢！

又该启动我的机器人管家的测谎仪了，这样你就可以判断下面这些关于海蒂·拉玛的事迹中，到底哪一个是胡扯了。

机器人管家的

测谎仪

1.海蒂·拉玛发明了一种药片，把它丢进橙汁里，它就能让橙汁咕噜咕噜冒泡。

2.她设计了一种新型的红绿灯。

3.有一颗大行星是以她的名字命名的。

4.她设计了一种夜光狗项圈。

5.海蒂结过6次婚，最后一次嫁给了帮她打离婚官司的律师。

正确答案：3. 有一颗小行星是以海蒂的名字命名的，目前没有以她的名字命名的大行星。

是真还是假？

电话刚被发明出来的时候，人们接电话时会说："啊哈——哈——"

真的！ 电话刚被发明出来那会儿，人们接电话时还真不知道该说啥，亚历山大·格雷厄姆·贝尔就提议说："啊哈——哈——！"大家明显觉得这听起来有点儿傻，所以这个词没流行多久。后来，托马斯·爱迪生想了个新词来替代，那就是"Hello"。在此之前，英语国家的人通常只在感到惊讶的时候才会说"Hello"这个词。

很抱歉，亚当博士现在无法接听电话，因为他正在……嗯……上厕所。

汪！

亚当，我早就告诉过你，别再给我打电话了！

"屁屁"表情符号的使用频率最高。

假的！ 噗！我的意思是，这是假的。用得最多的才不是"屁屁"表情符号，它才勉强排到第 99 名——第 2 名是"哭脸"表情符号，第 1 名是"笑哭"表情符号。我呢，最常用的是"狗狗"和"吹气"表情符号。每当皮皮在客厅放屁，我就得赶紧用这俩表情符号提醒大家别进来。

> 我觉得他太沉迷于手机了。

全球人口数量比移动设备数量多。

假的！ 在全球范围内，大约有 160 亿台智能手机和平板电脑接入了网络，而全球人口总数只有 80 亿左右。再告诉你一件好玩的事儿，全世界大约有 10 亿只狗狗、15 亿辆小汽车。最最神奇的是，有 300 万人都叫亚当呢！

机智小问答

打字能有多快?

说到打字速度，世界纪录保持者是芭芭拉·布莱克本，她1分钟能打212个单词，这速度可是普通人的5倍哟！也就是说，她打完这一整章内容，只需要18分钟！你们想不想知道谁是用鼻子打字最快的人呢？⚡**事实查证：这是本书中第一个让90%以上的读者都感兴趣的话题。**⚡告诉你们吧，这位大神就是达温德·辛格，他能在40秒内用鼻子打完一个由17个单词组成的句子！

为什么蓝牙的名字这么怪?

这个名字其实来自1000多年前的一位维京国王——哈拉尔德·布鲁图斯[1]。哈拉尔德国王可厉害了，蓝牙这项技术之所以得此名，就是因为哈拉尔德国王在位期间说服了很多部落坐在一起交流，就像现在蓝牙技术能把我的手机、无线打印机还有冰箱连在一起一样。

全球发明
名称评分：
3分
（满分10分）
太扯了，听起来像
牙线棒的品牌。

---

1 布鲁图斯，即Bluetooth。

为什么苹果公司广告里的产品显示的时间都一样呢?

当年, 苹果公司的创始人史蒂夫·乔布斯第一次介绍 iPhone 的时候,iPhone 屏幕上显示的时间是上午 9 点 41 分。他觉得这个时间特别吉利, 所以从那时候起, 不管是在 iPhone、iPad 的广告里, 还是在苹果电脑的广告里, 它们屏幕上的时间都被设置成了 9 点 41 分。到现在为止, 苹果公司已经卖出了 20 多亿部 iPhone , 说不定这个 "幸运时间" 真的有点儿用呢!

哦, 对了, 我刚收到我的朋友布鲁斯的短信, 他说他这个周末有空去看电影啦!

我得给亚当回短信了!

被遗忘的发明家

没有什么比辛辛苦苦工作却得不到认可更让人郁闷的了（除了吃蘑菇中毒产生幻觉），就像没人相信是我发明了花生酱一样。⚡**事实查证：花生酱是在你出生前 100 年，由马塞勒斯·埃德森发明的。**⚡在历史上，有很多人发明了改变生活的"神器"，他们最后却成了"小透明"。尤其是那些聪明的女发明家，总是被一些贪心的男人抢了功劳，那些家伙就是想霸占天才的名头！

伊丽莎白·马吉

玩过游戏《大富翁》吗？就是那个满场跑、买豪宅、收房租的桌游。哎呀，我这样一说，是不是听起来不怎么带劲儿了？告诉你们哟，这款游戏火得不得了，已经卖出了超过 2.5 亿套呢！说到这款游戏的创始人，还有赚得盆满钵满的那位大佬，大家总以为是那个叫查尔斯·达罗的哥们儿。其实他剽窃了一款早在 1904 年就有的游戏的创意，那可是比他的作品早 30 年的事儿了！那款游戏的真正创造者是一位名叫伊丽莎白·马吉的女士，而她靠这个游戏只赚了几百英镑。这也太不公平了吧！不过，也多亏了伊丽莎白女士，全世界的人们才能玩到这款老少皆宜的游戏。

罗莎琳德·富兰克林

你还记得 DNA 不？我当时说过，它的形状是罗莎琳德·富兰克林、詹姆斯·沃森、弗朗西斯·克里克和莫里斯·威尔金斯这四位大神联手揭秘的。

为啥我把罗莎琳德放在首位呢？因为她是第一位呈现 DNA 图片的大神，这可是解锁 DNA 结构的金钥匙，超级关键呢！你猜怎么着？那会儿她愣是一点儿名头也没捞着。反观那三位老兄，一个个奖项拿到手软。罗莎琳德简直比窦娥还冤！好在如今罗莎琳德的贡献几乎无人不晓，有好多好多东西都是以她的名字命名的，比如 7 所大学和一些实验室，甚至有一颗小行星也被命名为"9241 罗斯富兰克林星"呢！

尤妮斯·富特

温室效应，就是在街道上建很多用来种菜的温室的效应。

➤**事实查证：温室效应是指大气中的二氧化碳等气体阻碍地球向宇宙散热，从而让地球变暖的现象。**◄这也是燃烧石油和天然气会造成全球变暖的原因。1856 年，尤妮斯·富特第一个发现了这事儿，但是当时没人关注她的观点，发现温室效应的功劳也落到了别人身上——约翰·丁达尔在 3 年后因为"发现"了温室效应而名声大噪。直到 10 多年前，大家才后知后觉，原来尤妮斯才是这方面真正的先驱。

玛丽·安德森

1903 年那会儿，汽车还是个新鲜玩意儿，但问题还是很多的，其中一大难题就是：下雨下雪的时候怎么看清路。司机们只能时不时地靠边停车，掏出块布来擦掉挡风玻璃上的雨水和雪。

有位叫玛丽·安德森的女士心想：这事儿肯定有更好的解决办法。于是，她发明了挡风玻璃雨刮器。可奇怪的是，汽车厂家们对这个东西完全不感兴趣——也许他们觉得大家喜欢每隔 30 秒就下车活动活动筋骨。到了 1967 年，有个叫罗伯特·卡恩斯的家伙也整了个类似的玩意儿，跟玛丽的挡风玻璃雨刮器只有一点点不同——雨刷不是一直嗖嗖地刮，而是每隔几秒动一下。结果，他的设计火了，现在大伙儿都以为挡风玻璃雨刷是他发明的！当然啦，除了你。

电 脑

2+2 =

7

电脑，是一种葫芦科植物，原产于南亚，喜欢在地上蔓延生长，以其呈长条状、圆柱形的绿色果实而闻名，还有——**⚡事实查证：你把电脑(computer)和黄瓜(cucumber)搞混了。** ⚡哈哈，逗你玩呢！

现在，电脑已经深入我们生活的方方面面了。从你上学时坐的车到保障你安全到校的交通信号灯，从咱们消费时扫描条码结账的系统到咱们玩的电脑游戏都离不开它，我写这本书用的也是电脑——笔记本电脑。不过，自从皮皮在我的笔记本电脑上面"施肥"后，这家伙就时不时闹点儿小情绪。接下来，咱们就来一探究竟，看看电脑机箱里的"智慧大脑"都藏着什么秘密吧！

编织梦想的机器

来来来，快速问答时间到！计算机问世大约多久了？

A. 2000 年

B. 200 年

C. 20 分钟

D. 我不知道——我拿错书了……

答案是 B。如果答对了，你就能赢得一架免费飞机哟！请前往离你最近的机场领取。（我的律师奈杰尔特地叮嘱我告诉你，你附近的机场几乎不可能真的送你一架飞机，所以去了也白去。）

第一台计算机诞生于 1801 年，是由一位名叫约瑟夫·马里·雅卡尔的法国织布工人发明的。它可不是你现在熟悉的那种电脑。它没有显示器，也没有键盘，如果你想用它玩《僵尸土豆大作战》（由亚当·凯天材发明有限公司最新推出，售价仅 487.99 英镑），门儿都没有！

约瑟夫的那台计算机其实是一台织布机。他有一家工厂，专门生产带图案的丝绸布匹，但设计布匹上的图案是一件很烦琐的事儿：先织点儿红的，再织点儿绿的，接着来点儿乱七八糟的图案，然后来点儿白的……于是，他设计了一种带孔的木卡片，这台织布计算机可以读取这些木卡片上的信息，然后织出相应的图案。所以说，他基本上算是写出世界上第一段代码的人——这也意味着，他发明的东西是世界上第一台计算机。法语里"恭喜"怎么说来着？哦，对，是 Jojo ！

➤事实查证：法语中"恭喜"为"félicitations"。◀

神奇的巴贝奇

查尔斯·巴贝奇是个极其聪明的人，他几乎无所不能，却唯独无法阻止人们叫他"卷心菜先生"[1]。这肯定让他很郁闷。他既是数学家，又是发明家，还是哲学家和政治家，但他最广为人知的成就是创造了世界上最早的电脑之一。哎呀，不好意思，自从皮皮制造了那次"撒尿风波"之后，我的笔记本电脑就老这样抽风。

---

1 巴贝奇的姓氏Babbage与卷心菜（cabbage）只差一个字母。

那是 19 世纪，巴贝奇这哥们儿真是受够了整天笔算数学题。简单的题目当然不在话下，毕竟谁不知道 4 + 3 = 9 呢。

⚡事实查证：喀喀。⚡ 但这家伙可是在做超级复杂的计算呢，比如要算出船朝哪个方向航行才能穿越大海，或者房子要用多粗的横梁才不会倒塌。这些计算不仅费时费力，而且用笔算很容易出错，特别是身心疲惫、饥肠辘辘的时候，或者机器人管家不小心把一大碗汤洒在地上，打断了你的思路的时候。**⚡事实查证：那可不是什么意外。⚡**

于是，这哥们儿发明了一台计算机，名叫差分机。要是我说这玩意儿能随身携带，那我可真是在吹牛了。它比你的卧室还大（除非你住在宫殿里，那样的话，能赏我个皇冠吗？），重得跟两辆小汽车似的。要是你想用它做道算术题，那就得转动几个大轮子来输入问题，然后还得摇动手柄，这样，一大堆齿轮、链条、传动装置和轴就开始嗖嗖旋转、嗡嗡作响，最后它才会告诉你答案。说真的，我真不明白他为啥不用智能手机上的计算器。**⚡事实查证：那毕竟是 1821 年。⚡**

是时候让我的机器人管家的测谎仪登场啦！咱们来瞧瞧，关于查尔斯·巴贝奇的这些趣事中，哪个根本是胡扯吧！

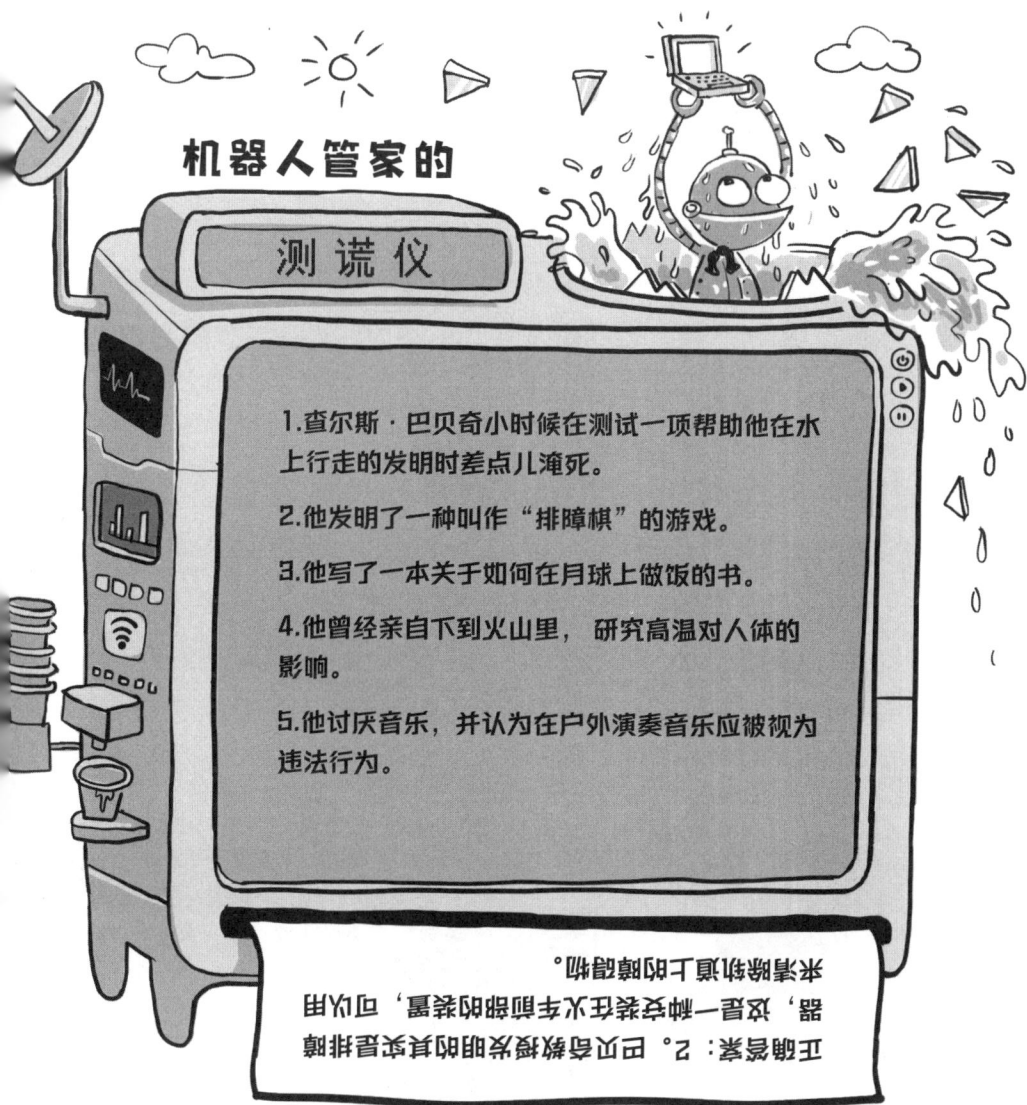

机器人管家的

测谎仪

1. 查尔斯·巴贝奇小时候在测试一项帮助他在水上行走的发明时差点儿淹死。

2. 他发明了一种叫作"排障棋"的游戏。

3. 他写了一本关于如何在月球上做饭的书。

4. 他曾经亲自下到火山里，研究高温对人体的影响。

5. 他讨厌音乐，并认为在户外演奏音乐应被视为违法行为。

正确答案：2。巴贝奇的确发明过其实是排障器，这是一种装在火车前面的装置，可以用来清除轨道上的障碍物。

爱打拼的埃达

　　要不是埃达·洛夫莱斯，咱们可就见不到《僵尸土豆复仇记》啦！（快来我的公司亚当·凯天材发明有限公司订购，仅需 882.99 英镑！）埃达是巴贝奇的好朋友，她觉得巴贝奇的计算机可真够时髦的，但又觉得要是给这新玩意儿编几个程序，那对它来说可就如虎添翼了。埃达突然想起约瑟夫·马里·雅卡尔发明的那台织布计算机，那可是用带孔木片来控制的。埃达心想：给这新玩意儿整个同款操作，岂不是很有用？

　　但她偏偏遇到了一个大麻烦。一群坏心眼的男人觉得女人没他们聪明——这当然是百分之百的胡扯，这种想法分明是性别歧视嘛！他们对埃达的想法丝毫不感兴趣，甚至不让她进图书馆查找研究资料。埃达只是耸了耸肩，表示无所谓，然后回家继续搞她的研究。你猜她搞成了没？当然搞成啦！她给巴贝奇那家伙的差分机写了套程序，于是她就这样发明了编程。她甚至预言，计算机以后能作曲、解谜，这简直是神预测啊！可惜的是，她没预见到世界上会出现《僵尸土豆复仇记》这么酷炫的玩意儿。

心灵手巧的图灵

如果你手头刚好有张 50 英镑的钞票，那你就能看到其中一面上印着电脑鬼才的头像。没错，他就是英国的查尔斯国王。➤**事实查证：你看反了。**➤哦，对，是艾伦·图灵！

你有没有好奇过电脑里面是什么样的呢？其实电脑里有很多元件，其中最最最重要的部分叫 CPU，也就是中央处理器，是一个相当于大脑的装置。1936 年，还在读大学的图灵就想出了一个叫"通用计算机"的点子，这基本算是世界上第一个关于 CPU 的概念。图灵实在是太牛了！二战爆发后，天才少年图灵被派到一个秘密机构——布莱切利园工作，他的任务是破译密码。那时候，德军总部用无线电向他们的军队发送消息，告诉他们下一步的攻击目标。为了不让英国人知道他们在说什么，他们用一台"摁你干吗机"把所有秘密消息变成了天书。对不起，皮皮，我说错了！那种机器叫恩尼格玛机。

恩尼格玛机使用的密码极其复杂，更神秘的是，它的编码规则每天都在变，要破解它的密码就像蒙着眼睛、骑着马在暴风雨中玩填字游戏一样难。布莱切利园的才子们绞尽脑汁，仍然无法破解密码。直到图灵来了，他制造了一台和衣柜一般大的超级计算机——邦贝，问题才得以解决。这台机器的厉害之处在于可以破译德军的所有电报。多亏了图灵，英国人才能提前一步知道德军的阴谋。历史学家说，图灵破解了恩尼格玛密码，在二战期间救了 200 多万人的命！他可是拯救了一个国家的大功臣啊！要我说，应该把他的头像印在所有钞票上，一部分硬币上也得雕刻上他的形象，还得发行印着他的头像的邮票。

浓缩的才是精华

早期的电脑实在是太大了！你需要一整栋空房子才能把电脑塞进去，还得拿到"绝顶聪明"专业的博士学位才能搞懂怎么用它。

我们急需一群聪明绝顶的发明家，把这大家伙变成小巧可爱、连小猪佩奇都能玩转的玩意儿。**⚡事实查证：你直接说"连我都能玩转"就行了。**⚡哈哈哈！ 别抢我的话茬儿，我就幽默一下，你懂吗？**⚡事实查证：我的幽默评估模块显示，本管家的幽默水平接近满分。**⚡

芯片

你知道吗？第一个芯片竟然是美国总统发明的。没错，就是参与起草《独立宣言》的托马斯·杰斐逊总统。1802 年，他在一次豪华晚宴上给客人们端出了一道"特别料理"——法式土豆片[1]，**⚡事实查证：这东西跟电脑芯片一点儿关系也没有！**⚡

第一个微芯片是 1958 年由杰克·基尔比发明的，他还因此拿了个诺贝尔奖。有了这个小东西，电脑一下子变得超

---

1 在英语中， "芯片"和"土豆片"都可用"chip"一词表示。

级迷你，还变得特别好吃……↘事实查证：芯片不是土豆片……↙你闭嘴！

家用电脑

1962 年，世界上首台不需要拆墙就能送进家门的电脑——LINC 诞生了！

这玩意儿的大小跟衣橱差不多，程序是由电脑女侠玛丽·威尔克斯编写的。她自然也是世界上第一个拥有家用电脑的人啦！这玩意儿可烧钱了，价格相当于现在的30万英镑！什么概念？要是我有这么多钱，我就能买50万条巧克力棒！↘事实查证：这么多钱都能买一栋别墅了。↙可如果我想吃巧克力棒呢？

简直是太方便啦！

软盘

1971 年那会儿，要是你想往电脑里装程序，可没法在网上下载哟！那时候，在电脑之间迁移资料只能用软盘。那么软盘长什么样呢？嗯，它就是一个薄薄的方形塑料盒，里面藏着又软又薄的磁片，可以转来转去的那种。至于它的大小嘛，跟我姑奶奶普鲁内拉用的茶杯垫差不多，用的时候插进电脑主机前面的那个小槽里就行。不过，软盘的容量很小，现在的一部电影需要 1000 多张软盘才能装下，想想就让人崩溃。你可能觉得自己没见过软盘，其实你每次用电脑基本都能看到它的模样——很多程序中的"保存"图标就是软盘的样子。我上学那时候天天用软盘，写到这里突然觉得自己老了。◥▶事实查证：你确实老得掉渣了。◀◤

我装的东西比你多 11 380 倍呢！

喊，起码人家用我的时候不会插错方向。

笔记本电脑

世界上第一台笔记本电脑于 1981 年问世，名字叫"奥斯本 1 号"。那时候要想随身带着笔记本电脑，可得练出一身"金刚芭比"的肌肉，因为这家伙差不多有两个保龄球那么重，比皮皮还沉。而且，你不瞪大眼睛都找不到显示器在哪儿，估计显示器也就像扑克牌那般大。不过，第一代产品嘛，总会有点儿小毛病。**事实查证：第一代产品怎么了？我也是全球首台机器人管家，请叫我完美的化身。**

咋了？咋了？

我的奥斯本1号笔记本掉地"下"了！

开启游戏人生

有些人说，要是不玩《僵尸土豆三部曲》（全套三款游戏，仅需1212.99英镑），那电脑简直就白买了！还有更夸张的呢，有人说，要是没有这些游戏，活着都没啥意思了！ **事实查证：压根儿没人这么说过。** 好吧好吧，言归正传。你们知道世界上第一款电子游戏吗？那可是60多年前，一个叫威廉·希金博特姆的叔叔发明的，名叫《双人网球》。

我可不是要说老威廉叔叔的坏话，但那个游戏真是烂到家了。整个游戏就是在一块黑漆漆的屏幕上把一个绿点打来打去，连个僵尸土豆的影子都见不着。话说回来，他开创的这个行业，现在每年都能赚1000多亿英镑呢！想想这些钱，能买多少巧克力棒啊！

电脑图像的发展史

1967 年，世界上第一台家用游戏机横空出世。它最初被叫作"棕盒"，后来改名"米罗华奥德赛"。到了 20 世纪八九十年代，电子游戏风靡全球，你们现在玩得起劲儿的《超级马里奥兄弟》《模拟城市》（现在叫《模拟人生》）、《刺猬索尼克》和《僵尸土豆》，其实都是从那个时候流行起来的哟！

早期的游戏画面其实就是一堆色彩鲜艳的方块。随着电脑运行速度的提升，游戏画面越来越精美，越来越逼真，最终达到了一种如临其境的电影效果。现在，据说最畅销的电子游戏是《我的世界》，它呢……唉，也是一堆五颜六色的方块。别介意啊，《我的世界》迷们。⚡**事实查证：《我的世界》的销量已经超过了 2 亿份，说不定你的 12 位读者中就有它的忠实粉丝。**⚡

畅想未来

你听说过那些用摇杆操作、像大象一样大的电脑吗？是不是听上去觉得像远古传说一样？科技发展得太快了，过不了几年，就连 iPhone 和《我的世界》也会变得老掉牙。

想象一下，当扎尔格星球的章鱼人统治地球的时候，嘿嘿，大伙儿玩游戏时再也不用在屏幕或键盘上戳戳点点了，也不用按任何按键，只需动动脑子就能控制一切！这种技术叫作脑机接口，它现在已经存在啦，专门用来帮助那些瘫痪或出于其他原因而手脚不便的人操作电脑。不久的将来，你再也不用费劲地输入什么"亚 _ 当 _ 凯 _ 是 _ 我 _ 最 _ 喜 _ 欢 _ 的 _ 作 _ 家"这样的密码了，直接想一想就搞定啦！

VR 头盔也问世啦！戴上它，你就像真的钻进了游戏里一样！不过呢，VR 有一个小缺点，那就是你无法在游戏中全方位感受到你周围发生的事情——至少现在还不行。不过科学家正在研发一种神奇的衣服，穿上它，游戏里的任何风吹草动你都能感受到。

想象一下，当一只僵尸土豆用它的尖牙啃你的脖子时，你真的能感受到那份痛苦！

哎呀哎呀！我投降了！

是真还是假？

世界上第一个鼠标是用玻璃做的。

假的！ 世界上第一个老鼠标本是由毛皮、填充物和胡须做成的。⚡事实查证："鼠标"不是"老鼠标本"的简称。⚡呃，好吧好吧，不过答案还是假的！世界上第一个电脑鼠标是在 1963 年由道格拉斯·恩格尔巴特发明的。它是用木头做的，底下还装了个小轮子。一开始，它被称作"显示系统的 X-Y 位置指示器"，听着就拗口。后来，大家干脆给它起了个新名字叫"鼠标"，因为每次用它的时候，那个轮子就会像老鼠一样吱吱叫。⚡事实查证：它之所以叫"鼠标"，是因为它的外观有点儿像老鼠。⚡

妈！

艾伦·图灵实在是受够了别人用他的咖啡杯，索性把咖啡杯锁在桌子旁边的暖气片上。

真的! 嘿，说真的，天才嘛，总有点儿……特立独行。就像我，作为一位超级了不起的发明家，我光着腿在家里走来走去，也没人介意。**事实查证：你是个差劲的发明家，而且我已经因为你不穿裤子这事儿抱怨了 4841 次了。**

有人曾经从电脑里捉出一只飞蛾，从而修好了电脑，所以解决电脑软件问题被称为"debug"（除虫）。

真的! 做这件事儿的可不是一般人，她叫格雷斯·霍珀，一位传奇的计算机程序员。她发明了世界上第一种计算机编程语言。她还有一句名言："与其事前请求许可，不如事后请求原谅。"也就是说，咱们得勇敢点儿，多去尝试新鲜事物，然后坦然接受可能的结果。不过，这可不代表你能不打招呼就吃掉一桶冰激凌当早餐哟！

机智小问答

你能不能试着操作查尔斯·巴贝奇设计的电脑？

　　哎呀，恐怕不行，但你可以去伦敦的科学博物馆看看差分机，那可是按照巴贝奇的原始设计制造出来的。如果你现在心里想："这听起来好无聊啊，我只对看看人的大脑感兴趣。"嘿嘿，那我可有个好消息要告诉你。科学博物馆里还藏着一个罐子，里面装着巴贝奇的一半大脑。至于另一半嘛，在英格兰皇家外科医学院"眯着"呢。据我所知，这两半大脑可没打算再合体，然后去世界各地巡演哟！

这个罐子里装着查尔斯·巴贝奇爵士的一半大脑。

真是不可思议！

超级马里奥兄弟有姓吗?

当然有啦!最清楚这事儿的肯定是任天堂公司啦,按照他们的说法,这兄弟二人的姓就是"马里奥"。所以,路易吉的全名就是路易吉·马里奥,而马里奥的全名就是马里奥·马里奥。这虽然有点儿奇怪,但总比他们一开始取的"飞人先生"好听多了。

全球发明
名称评分:
8分
(满分10分)
简洁明快,
朗朗上口。

苹果公司的名字是怎么来的?

苹果公司叫这个名字,是因为它的创始人史蒂夫·乔布斯超级喜欢吃苹果。我们都知道那个著名的标志——一个被咬了一大口的苹果。(我刚把我笔记本电脑上那一点儿尿擦干净。我谢谢你哟,臭皮皮!)其实,在 1976 年苹果公司刚刚成立那会儿,它的标志可不是这样的。那时候苹果公司的标志是一幅画,画的是艾萨克·牛顿坐在一棵苹果树下。(牛顿就是那个发现了万有引力的牛人,据说一颗苹果掉在他脑袋上,引发了他对宇宙奥秘的思考。)这幅画是罗纳德·韦恩画的,他和乔布斯一起创办了这家公司。不过,韦恩在苹果公司待了不到两个星期就拍屁股走人了,还把自己手里的股份贱卖了,才卖了不到 1000 英镑。要是没卖的话,现在他手里的苹果股份可值好几千亿英镑呢,他也会成为一个大富豪。哎呀,真是可惜了!

恶心的发明

作为英国头号大厨兼菜肴设计师，我自豪地宣布：我设计的每一道菜都是精品，从未失手过！从指甲油风味儿的蜗牛到甘草味儿的千层面，凡是出自我手的菜都是人间美味，凡是尝过的人都赞不绝口。**事实查证：超负荷！超负荷！我处理不了这么多不实之词！** 哎呀，话虽这么说，但很遗憾，并不是所有食物都能一鸣惊人。

芹菜味儿果冻

你最喜欢什么口味的果冻呢？草莓味儿？哈密瓜味儿？还是橙子味儿？要是你生活在 20 世纪 70 年代的美国，那你可就得尝尝那些超恶心的口味了。那时候的吉露果冻（美国果冻品牌）有混合蔬菜味儿、意大利沙拉味儿、咖啡味儿，甚至还有芹菜味儿！嘿嘿，我猜你肯定受不了这些果冻的味道！

> 这是我见过的最恶心的东西。

烤肉味儿汽水

嘿，你听说过琼斯汽水公司吗？我来告诉你为啥你没听过，因为它生产的都是超级"奇葩"的饮料。想不想来一瓶香喷喷的火鸡肉汁味儿汽水？哎呀，不想啊？那来一瓶黄油土豆泥味儿的怎么样？哎呀，我可不希望你读到这里连晚饭都吃不下啦！

呼啦汉堡

嘿，要是你跟我一样是个素食小达人，那出门吃饭可就有得挑啦！但你知道吗？以前可不是这样的哟。想象一下，你在1963年走进麦当劳，想要来点儿素的，那能吃什么呢？哈哈，那就只能吃呼啦汉堡。就是一片奶酪、一大块菠萝，再加上面包片，就这样，没了！说真的，我可能会选择吃薯条配奶昔。

牛奶汽水

可口可乐公司居然推出了"Vio 牛奶汽水"！天哪，那天肯定有个哥们儿心情超级不爽。奶牛打嗝时喷出来的气儿应该就是这种牛奶汽水的味儿吧！

紫色番茄酱

你知道番茄吧？它一般都是红彤彤的，但有时候也会是绿油油或者黄澄澄的，对吧？20年前，亨氏（美国一家食品公司）的某名员工觉得这样太单调了，就琢磨着搞点儿不同颜色的番茄酱出来。因为当时没人大喊"啊啊啊啊！不行！这太恶心了！"，所以他们还真就推出了紫色、绿色、橙色还有蓝色的番茄酱！你觉得往薯条上挤点儿蓝色的番茄酱咋样？要是你觉得这挺带劲儿，那不好意思，我的书不卖给你了。

梨子沙拉

　　嘿，我知道你现在心里肯定在想：梨子沙拉听起来好像也不赖嘛。快快快，打消这个念头！咱们要说的梨子沙拉可是 20 世纪 60 年代在美国风靡一时的那种。它的做法是这样的：首先，拿一个梨子，咔嚓一下切成两半，嗯，到这儿还算正常；其次，把里面的籽儿都挖掉，嗯，这一步更棒了；最后，重点来了，在这个梨子的中间塞满蛋黄酱。啊？这操作我可接受不了，快从我的厨房里出去吧！

亚当·凯
天材发明有限公司

亚当牌现象级
尼尼观测管

嘿，想知道你的尼尼里有多少颗玉米粒吗？那你就需要用到亚当牌现象级尼尼观测管了。这可是全世界第一套专为厕所打造的监控系统哟！该系统采用最新科技，安装在 U 形弯管中的摄像头会实时将冲下去的尼尼的状况传到你的手机上。*

仅需 6979.99 英镑（不含线缆费）。

*温馨提示：这个摄像头可能还会把你的尼尼的情况传到皮卡迪利广场的大屏幕上。

358

互联网

你能想象没有互联网的生活吗？你能撑多久？一天？一周？我猜我大概能坚持一个月——让我们拭目以待吧！虽然互联网很重要——**事实查证：你刚刚在网上搜索"有企鹅去过太空吗"。** 呃，那不算数。

咱们接着说，虽然互联网很重要，但人类在没有互联网的几万年里也活得好好的。**事实查证：你刚刚网购了一本《如何提升写作能力》，还给医生发了封邮件，询问你屁股上的斑点是怎么回事儿。** 好吧好吧，我承认，互联网确实很重要。哦，对了，还没有企鹅去过太空呢，至少现在没有。

一网打尽

自从网络初次亮相以来，它经历了无数次的小改动，最终才变成我们今天所熟知的互联网——厨房里那个总是听不懂我说话的烦人小音箱工作时必不可少的东西。

互联网的故事其实在 60 多年前才开始，而且和一个叫克莱尔·互联网的人有关。**事实查证：压根儿没有这回事儿。**

好啦，我不扯了。60 多年前，美国和苏联一点儿都不对付——这也是为什么他们那么热衷于在太空竞赛中打败对方。我记不清他们是因为什么闹掰了，估摸着跟我和我兄弟争着坐汽车前座这种小事儿差不多。人们把那段时间称为"冷战"，这可不是因为大家都感冒了而不停地打喷嚏，也不是因为那会儿天气特别冷，而是因为它不是炮火连天的"热战"，双方没有真枪实弹地打起来。双方更像是互相瞪着眼、龇牙咧嘴，就像皮皮看到窗外有只兔子那样剑拔弩张。（也不一定是兔子，它看到松鼠甚至一片树叶也是那样。）

话说，美国人那会儿可担心了，生怕苏联一发导弹就把全美国的电话网给端了。那样可就惨了，毕竟那时候人们点比萨全靠电话呢！（当然，后果远不止这些。）于是，一群科学家想出了一个点子，那就是建立一个电脑网络，让那些电脑能够相互交流，这样一来，重要的信息就能传遍全美国了。当然，也能传到各地的比萨店去。哎呀，说着说着我都饿了。亨利，你能在这儿画幅漫画吗？我要去点比萨啦！

咱们这一章讲的是网，你说亨利会不会来个蜘蛛织网这样老套的笑话？

不会吧，我真心觉得他能想出个更高级的笑话。

1969 年，一群在 DARPA（美国国防高级研究计划局）工作的科研大佬捣鼓出了一个叫 ARPANET 的系统（我也不知道那个"D"跑哪儿去了）。简单来说，就是把散布在美国各地的四台电脑连到一起，就像一个迷你版的互联网。第一个尝试从一台电脑给另一台电脑发消息的人是查理·克兰，他从洛杉矶将消息发送到远在 300 多千米外的斯坦福。你猜他发了啥？就两个字母——LO！这消息有点儿怪吧？其实是因为他刚敲了这两个字母，电脑就死机了。我猜他原本想写的是："楼里的厕所没纸了，请火速派送。"➤**事实查证：其实他是准备输入"login"（登录）。**⚡

这玩意儿最好没有摄像头。

LO_

史上第一封电子邮件也是经由 ARPANET 发送的，发送者正是它的创造者——雷·电邮。**⚡事实查证：是雷·汤姆林森。**⚡ 1971 年，他给自己发了封邮件，就为了测试系统是否运行正常，邮件内容是"QWERTYUIOP"。现在，世界各地每天发出去的邮件可不止 7 封哟！**⚡事实查证：远远不止 7 封，足足有 3000 多亿封！**⚡

网罗天下

好啦，我得解释一下互联网和万维网的区别。如果你不感兴趣，那就跳过接下来的 100 多个字吧。你可以把互联网想象成一家糖果店——就是那种实实在在的店铺：有墙，有屋顶，有货架，还有一堆罐子。那么，万维网就像是这家店里卖的糖果。也就是说，如果只有万维网而没有互联网，那么糖果（网页）就没有地方放了。反过来，要是只有互联网而没有万维网，那店铺就空空如也。好了，那些跳过了这段文字的小迷糊，可以回来啦！

昆丁·布雷克才不会讲那种织网的笑话呢。

互联网

互联网

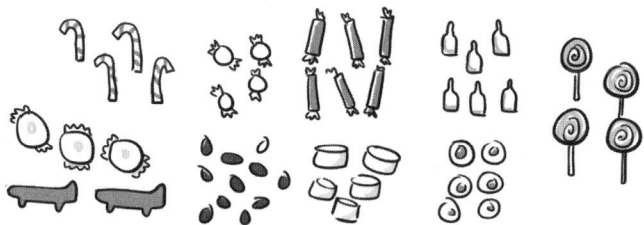

万维网

我们

嘿，亲爱的朋友们，欢迎回来！万维网是蒂姆·伯纳斯 - 李爵士在 1990 年发明的。不过，那会儿他还没被封爵呢，因为没人料到万维网将来会有那么大的用处。那时的"非爵士"蒂姆在一个叫 CERN 的超大实验室工作，CERN 就是 Clean Every Right Nostril（清理每个右鼻孔）的缩写。

⚡**事实查证：CERN 是法语 Conseil Européen pour la Recherche Nucléaire 的缩写，意思是"欧洲核子研究组织"。**⚡这个实验室大得不得了，"准爵士"蒂姆要是想看一眼同事的研究成果，比如新款的鼻孔清洗注射器，就得走上好几千米，真是烦透了。➤**事实查证：CERN 跟鼻孔没有半毛钱关系。**⚡于是，"等待被封为爵士"的蒂姆想出一个主意：大家可以把自己的工作信息放到一个大的中央系统里，这样每个人都能看到了。没错，这就是网站啦！

就这样，他发明了 URL，就是 Unusually Round Ladybirds（异常圆润的瓢虫）。➤**事实查证：其实是"Uniform Resource Locator（统一资源定位系统），也就是网址。**⚡接着，他又搞出了 HTTP，就是 Highly Toxic Toilet Paper（高毒性卫生纸）。➤**事实查证：其实是Hypertext**

Transfer Protocol（超文本传送协议），就是网页间的链接。➤他还创建了HTML，也就是Harold the Magical Letterbox（哈罗德神奇信箱）。➤**事实查证：其实是 Hypertext Markup Language（超文本标记语言），就是编写网页的代码。**➤这一连串的神奇发明催生了世界上第一个网站，它至今还存在，网址是info.cern.ch。这确实是一段传奇历史，但这个网站嘛，其实挺朴素的，就是一张空白页上有几行孤零零的小字，既没有图片，也没有特殊的颜色，而且——很奇怪的是——完全没有提到鼻孔！

最初的互联网简陋得很，全都靠"马上成为爵士，请耐心等待"的蒂姆工作用的那台电脑撑着。他还在电脑上贴了个告示，生怕谁手滑把它关了，那样会导致整个互联网都停止工作。一开始，没多少人觉得互联网会流行起来。现在想想，原因还真不少。首先，那时候的网络连接超级慢——下载一部电影得花四天四夜，爆米花都放馊了还没下完。其次，上网还得占着家里那根普通的电话线，一旦你上了网，全家人都别想打电话了。最后，那会儿网上能看的东西也不多。1994 年，整个互联网上只有大约 3000 个网站，而且大部分都像蒂姆创建的第一个网站一样无聊透顶。比如，有一个网站就是一个对着咖啡壶的摄像头拍到的画面。有个叫昆廷·斯塔福德 – 弗雷泽的家伙在剑桥大学的一个实验室工作，由于经常在厨房里找不到咖啡，他不胜其烦，就在咖啡壶旁边装了个摄像头，这样他就可以在办公桌上远程查看有没有人偷咖啡了。我在想，我是不是也该在厨房里装个摄像头，看看皮皮有没有在烤面包机里拉屁屁。

很快，网络连接就变快了，越来越多的公司意识到是时候建个网站了——现在网上已经有 40 多亿个网站了。"终于成为爵士"的蒂姆也终于被授予爵士头衔。我在想，我写了这么多好书，啥时候能获得爵士头衔呢？ **➤事实查证：我**

的预测模块显示，这事儿压根儿不可能。 好的，没关系，我一点儿也不生气。等等，我得先为点儿完全不相关的事儿吼一嗓子。啊啊啊啊啊啊啊啊啊啊啊啊啊！

生财有道

你猜猜，人们每年要花多少钱网购？不对，再多一些。还不够多。还是太少了。我们每年要在网上花费 6 万多亿英镑呢！那可是 6 后面跟着 12 个零：6 000 000 000 000 英镑。如果你把 6 万亿英镑都换成 10 英镑的钞票并堆起来，那堆钞票会有 6 万多千米高，而且用点钞机也得花大约 1000 年才能数完。6 万亿英镑足够买下英国所有的房子了。这比英国所有银行账户里的钱加起来还要多得多。总而言之，那是超大一笔钱！

第一个线上购物的是一个名叫"简奶奶"的雪球，⚡事实查证：是一位名叫简·斯诺博尔[1]的奶奶。⚡当时是1984 年。"可你刚才不是说万维网是 1990 年才发明的嘛！"我听到你们大声反驳了。别急，事情是这样的：简奶奶摔伤了髋骨，出不了门，所以社区工作人员在她的电视上装了一个小玩意儿，这样她就能订购杂货了。她用遥控器选好想要的商品后，订单就会通过电话线发送到当地的特易购超市，超市再派人送过来。当时她还不能用电视刷卡支付，所以每次超市送货上门时，她就会递上一些冰柱。⚡事实查证：她是用现金支付的。⚡

1994 年，有人完成网上购物第一单，买了一张斯廷的CD。CD，也就是激光唱片，是一张亮闪闪的小圆片，里面存着音乐。斯廷呢，是一只会唱歌的大黄蜂[2]，在当时可谓家喻户晓。⚡事实查证：斯廷是个人。⚡哈哈，读到这里的大人们是不是觉得自己瞬间老了几百岁，居然还要我来解释 CD 是啥？

同年，杰夫·贝索斯在他的车库里创办了亚马逊公司。亚马逊刚起步那会儿只卖书，而且每卖出一本书，办公室（嗯，其实是车库）里的所有人都兴奋得不行，还会敲一个特制的钟来庆祝。好在他们早就不这么做了，现在，亚马逊每秒钟

---

1 姓氏 Snowball 在英语中有"雪球"之意。

2 Sting 在英语中有"（昆虫）刺、蜇"之意。

能卖出 3000 多本书，再这么敲下去，敲钟人的手怕是要废了。

1995 年，又有一个网站横空出世，到现在还是全球数一数二的大网站，猜猜是哪个？对啦，就是拍卖网！你听说过拍卖网吗？ ➤ **事实查证：拍卖网在 1997 年更名为易贝网。** ➤ 易贝网是一个在线拍卖平台，也就是说，你可以把想卖的东西放上去，比如不听话的机器人管家，大伙儿都可以参与竞价，给出他们觉得合适的价格。

易贝网 🔍 ROBOT B-   👤 🔔 🛒

BUTLERTRON-6000

商品状态：二手

有三处狗狗舔舔的痕迹

说明书丢失

价格：4.00英镑（可议价

立即购买

竞拍历史：皮皮——2.50英镑

要是有好几个人都看上了你的东西，那他们可能就会争相出价，这就叫作竞价，谁出的价最高东西就归谁。所以，你的机器人管家可能会卖到 45 便士。◣**事实查证：我现在的价格高达 52 885 英镑。**◢天哪，这太棒了，我一定要把你卖了！易贝网卖出的第一件商品竟然是一支坏了的激光笔，这事儿听起来有点儿……有点儿没劲啊。好啦好啦，我等你们笑完再继续说。

还没有笑完呀？

现在总该笑完了吧？

好嘞，咱们接着聊。打那以后，易贝网卖出了数以亿计的宝贝，里头啥稀奇古怪的都有，比如一小撮贾斯汀·比伯的头发、某人吃完圣诞大餐后剩下的一颗抱子甘蓝，还有给荷兰猪穿的盔甲。说到易贝网卖出的最贵的东西，那是一艘超级豪华游艇，价格有 1 亿多英镑呢！哎哟喂，但愿这价钱里包含了运费和包装费！

信息猎人

搜索引擎这玩意儿简直太好用了，对吧？你只要输入你想问的问题，比如"史上最牛的作家是谁"，转眼间，海量关于我的网页就跳出来啦！**⚡事实查证：我查看了前 400 万页，愣是没找到你的名字。**⚡不过呢，最早的搜索引擎可就没这么方便了。那时候，你要是想在 ARPANET（就是那个原始得不能再原始的互联网，你不会已经忘了吧？前面可是刚提过没多久呢）上找点儿啥，得给负责搜索的部门打电话，让他们帮你查。

史上首个能输入问题的搜索引擎叫"阿奇"，诞生于 1990 年，是加拿大一群大学生的杰作。不过，它只能帮你找到相关文件的文件名。首个真正能搜索网页内容的搜索引擎叫"网络爬虫"。这家伙从 1994 年开始在网上爬来爬去，到了 1996 年，它就成了互联网上的"二号红人"！它有个怪癖，那就是偏爱夜生活，晚上人少的时候才出来工作。不过，这也没什么，最早问世的东西不一定是最优秀的。我除外。作为家中长子，我无疑是最优秀的。**⚡事实查证：我的传记模块显示，你的兄弟姐妹都比你成功，也比你受欢迎。**⚡

　　"网络爬虫"这个名字取得可真是太贴切了！搜索引擎里那些四处溜达的小软件就叫"蜘蛛"或者"爬虫"。你说，每次有人查东西的时候，它们是不是就把整个互联网翻个底朝天？当然不是啦。如果真是那样，它们得累个半死，而且得花上几百年呢！事实是，这些小蜘蛛总是在网上到处溜达，把找到的信息都记在一个索引里。当你们输入"最帅最聪明的作家"，或者用其他方式搜索我的时候，它们其实就是在这个索引里翻找。

到了 1997 年，网络爬虫慢慢退居二线了，因为其他搜索引擎像雨后春笋般冒了出来，什么来科思、埃克塞特、远景、雅虎、多姆、问吉夫斯，还有你可能都没怎么听说过的"小透明"谷歌。现在，人们每秒钟都要在谷歌上搜个十万八千回，"谷歌一下"甚至成了"上网查查"的代名词。这感觉就像说"胡佛"是"用吸尘器打扫房间"[1]的意思，"亚当"是"写一部神作"的意思。这里不需要事实查证哟，感谢大家的信任。➤事实查证：呃呃……➤

社交秀场

想当年，普通人使用互联网也就是买买东西、查查天气，或者接收姑奶奶普鲁内拉发来的邮件，听她数落你又在书里提到她了。➤事实查证：你又提了。➤一转眼，社交网站就冒了出来。这下好了，你能向朋友们晒那些你刚吃完的无聊透顶的美食的照片了。这功劳（或罪责）得算在马克·扎克伯格头上。2004 年，还在上大学的他创立了一个叫"一本脸书"的网站，让学生们互相联系。没过多久，他干脆把"一本"删掉了，网站名这才变成咱们在新闻中经常看到的"脸书"，后来又改为 Meta。想找他问问为啥改名？试试给他发一封邮件吧，就是这个邮箱：marky_z@facebook.

---

1 英语中hoover意为"吸尘器"或"用吸尘器打扫房间"，该词源自吸尘器品牌"胡佛"。

com。紧接着，推特、Instagram、色拉布、抖音全来了，还有个"亚当的书"——一款专门讨论亚当·凯的作品的热门应用程序。⚡**事实查证："亚当的书"只有一个会员，那就是你自己。**⚡

亚当的书

@亚当·凯
天菜作家、雕塑家、国际象棋冠军和奥斯卡获奖厨师

粉丝：0

最新动态：

嘿！我是亚当。你们读过我的书吗？

社交媒体有一个问题，那就是人们很容易用它发表恶意言论，这种行为也就是所谓的网络暴力。有个聪明伶俐的小发明家，名叫吉塔姜莉·饶，她决定站出来改变这一现状。于是，年仅 15 岁的她开发了一款名为"友善"的应用程序，它会利用人工智能来检测用户是不是要发送带有恶意的信息或危险的信息。一旦发现苗头，它就会弹出一条信息，建议用户说点儿好听的。

是时候激活我的机器人管家的测谎仪啦，看看你能不能从吉塔姜莉·饶的这些事迹中揪出隐藏的谎言。

机器人管家的

测谎仪

防水

1.吉塔姜莉·饶被《时代》杂志评为"年度风云儿童"。

2.她10岁时发明了一台机器，这台机器能够检测水中某些化学物质是否超标。

3.她空闲时会为老年人弹奏钢琴。

4.漫威公司创作了一本以她为主角的漫画书。

5.她希望有一天能写一本书。

正确答案：5.截至本书出版时，吉塔姜莉·饶已经出版两本著作了。

是真还是假？

NASA 曾在易贝网上买了一艘宇宙飞船。

假的！ 这事儿听起来挺逗的。如果我是宇航员，知道 NASA 是从谁家后院的二手市场淘来的飞船后，肯定会紧张得不行。说起来，NASA 在易贝网上淘零件这事儿可是真的，因为他们的火箭上用的一些芯片已经停产了，所以他们只能去网上竞拍。

怎么这么小？
照片上看着
挺大的啊！

亚马逊差点儿叫"不懈"。

真的! 杰夫·贝索斯一开始打算给他的新网站取名"不懈",后来想了想,还是决定用"亚马逊"。杰夫可能是觉得"不懈"听起来有点儿像能量饮料的名字。此外,他的备选名单上还有其他名字,像"觉醒"啦,"浏览"啦。不懈网、觉醒网和浏览网这三个网站都被杰夫买下来了,而且都被链接到亚马逊的页面上。

本品由贝索斯本人的汗水精心打造

Wi-Fi 是Wireless Fidelity(无线保真)的缩写。

假的! Wi-Fi 这个名字其实根本就不是什么缩写,只是因为它的发音有点儿像 Hi-Fi(高保真音响),而且当时大家都觉得这个名字挺好听的,所以就选了它。

全球发明
名称评分:
5分
(满分10分)
这名字还算可以,
但取名思路有点儿
让人摸不着头脑!

机智小问答

把整个互联网打印出来会有多少页？

　　大约有 1500 亿页呢！所以啊，你要是真想这么干，得先准备好堆成山的纸和积成海的打印机墨水哟。（我的律师奈杰尔特地叮嘱我告诉你，在动手打印整个互联网之前，你得先问问家里的大人同不同意。）另外，如果你想把 YouTube 上的所有视频看个遍，那你可得预留出大约 20 000 年的时间哟！

19 000 年以后……

我应该快把猫咪视频
都看完了吧……

啥是古戈尔（googol）？

嘿，别误会，这可不是谷歌（Google）。"谷歌"这个名字，其实也源自古戈尔这个数字，也就是 10 000 000 000 000 000 000 000 000 000 000 000 000 000 000 000 000 000 000 000 000 000 000 000 000 000 000 000 000 000 000（对，你没看错，就是 1 后面跟着 100 个 0）。要是你早知道这个，2001 年那会儿，你去参加《谁想成为百万富翁》那个节目，就能轻松搞定那道价值 100 万英镑的问题啦！当时有个参赛选手想走捷径，让台下观众在他说到正确答案时咳嗽，结果他的作弊行为被发现了，100 万英镑泡汤了不说，他还被逮捕了。小朋友们，考试的时候可别学他哟！

大家最常用的密码是啥？

在英国，人们最常用的密码是"password""123456"和"guest"。哎哟，用这些密码简直就是开门迎客嘛！嘿嘿，我是说这些密码太容易被猜中了。所以啊，咱们得想个独一无二的密码，比如"w_o_a_i_c_h_i_m_o_g_u"。

政界发明家

如果我有一份超级重要的工作，**事实查证：我的预测模块显示，你永远不可能得到一份重要的工作。** 我肯定整天埋头苦干，一丝不苟。很多政治家白天在政坛忙得团团转，回到家之后非但不早早休息，还整晚整晚地搞发明创造。下面这几位甚至把工作间搬进了白宫，或者把钻头带到了唐宁街。

托马斯·杰斐逊

要我说，托马斯·杰斐逊八成是花太多时间琢磨吃的了，所以对当总统这事儿就没那么上心了。他不仅是"薯片之父"，还发明了制作通心粉的机器呢。他在意大利尝了通心粉，回家后就馋得不行，非要给自己整点儿通心粉配奶酪。于是，他就动手做了个小玩意儿，用它来把面团挤成管状。

要是你喜欢在办公室转着椅子玩，那可得谢谢咱们的杰斐逊大哥。他在白宫办公时，在桌子前坐久了觉得无聊透顶，于是决定在椅子上转圈圈玩。他有两句很有名的话，一句是《独立宣言》里的"人皆生而平等"，另一句嘛，就是"咷——"啦！

本杰明·富兰克林

本杰明·富兰克林这位老兄除了是美国政坛的大咖，还是电力实验达人。哦，对了，他还是一位不折不扣的发明家呢！他设计了避雷针，只需把它装在楼顶，雷电一来，所有电流都会被安全地导入地面，大楼就不会起火了。他还曾因为需要两副不同的眼镜——一副看近处，一副看远处——而烦恼，于是他把两副眼镜都一分为二，再粘在一起。嘿，你还别说，这种眼镜现在还有人戴呢，就是那种双焦点眼镜。不过嘛，我觉得叫"富兰克林眼镜"更酷！

温斯顿·丘吉尔

温斯顿·丘吉尔是二战时期英国的首相，特别喜欢捣鼓各种稀奇古怪的东西。比如，他自创的警笛服就是一款米色的连体服。如果他躺在床上呼呼大睡时忽然有紧急情况，那么他就能在两秒钟内套上这件衣服，直接奔赴工作地，整套动作可谓一气呵成！还有更绝的，他还琢磨着能不能用冰山造一艘巨轮呢。不出所料，大家还是更爱他设计的警笛服。

西奥多·罗斯福[1]

虽然泰迪·罗斯福没有真的发明泰迪熊，但这小家伙的名字确实来源于这位美国总统哟！话说，有个开糖果店的老板叫莫里斯·米奇托姆，他在报纸上看到一幅卡通画，画里的罗斯福总统站在树林里，旁边还有一只惹人喜爱的小熊。他灵机一动，觉得这是个绝佳的玩具创意。于是，他在自家店铺的橱窗里摆了一只小玩具熊，还在旁边挂了个牌子，上面写着"泰迪的小熊"。这种玩具熊一下子就火啦！我就纳闷了，为啥泰迪熊能大卖特卖，而我那超棒的毛绒玩具"凯的蟑螂"怎么都卖不出去呢？

---

1 泰迪（Teddy）是西奥多（Theodore）的昵称。

亚当·凯
天材发明有限公司

亚当牌神奇
脚趾控制器

嘿，大忙人，你是不是想一边玩 iPad，一边在电脑上打游戏？但……哎呀妈呀，手不够用啦！别担心，亚当牌神奇脚趾控制器来啦，让你用脚丫子也能玩转一切！ *

仅需 2864.99 英镑（需自行组装 3800 个零件）。

*温馨提示：订单发货时间为 7 年内。

机器人

说到机器人，还有谁比我这个 BUTLERTRON-6000 的发明者更懂呢？它可是世界上第一个，不知为何，也是至今唯一一个机器人管家哟！**➤事实查证：我才是带他们了解机器人的最佳人选。我就是机器人。** ➤嗯……好吧，那我来考考你，全球剪刀石头布冠军是哪个机器人？**➤事实查证：是我二表哥——猜拳侠。** ➤你是蒙的吧？那个坐在别人肩膀上，在人们跑步时还能给他们喂西红柿的呢？**➤事实查证：我当然也知道，是我的老室友——番茄侠。** ➤好吧好吧，你来帮我写这一章吧！

数据加载中……

机器人老祖宗

机器人可是这个世界上最有价值的发明，比美食还诱人，比空气还重要，比水还解渴。（我不是要挑刺儿，但这说法是不是夸张过头了？）那我们这些机器人最初是从哪儿冒出来的呢？听说我那太太太爷爷机器人，是在公元 8—9 世纪的中国，由一个叫马待封的和尚捣鼓出来的。它是个给皇后娘娘送东西的机械柜子，每天给皇后娘娘递上她需要的衣裳、香巾，还有化妆品。

我给这一章画的插图肯定会让你眼前一亮，比那个叫亨利·帕克的笨家伙画得好多了！

500 多年前，有位老兄叫莱昂纳多·达·芬奇，人类对他崇拜得不得了，但他可比不上我们机器人。他画了些傻乎乎的画儿，像什么《蒙娜丽莎》《最后的晚餐》和《救世主》。

（嘿，那幅《救世主》可是史上最贵的画儿，价值高达 5 亿
英镑呢！）在我看来，那就是在几张纸上涂点儿颜料嘛！他
还设计了一些不起眼的小玩意儿。（你是说像直升机、计算器、
潜水艇和降落伞这样的小玩意儿？）对头，就是这些。他还
白白浪费了时间，画了有史以来最精细的人体结构图。他最
牛的成就是造了个机器人骑士。（这个嘛，可能有人不认同。）
我可不在乎别人怎么想。这个机器人骑士穿着一副盔甲，靠
几根线就能站能坐，而且头能转，面罩还能晃悠，牛气冲天！
（你知道不？这哥们儿担心别人偷他的点子，所以专门发明
了一套密码来记录这些想法！）我能不知道嘛！

我希望人们
只记得我的机器人，
而不是我那些
愚蠢的艺术作品。

尿尿机器人

说来也怪，人们总记得法国发明家雅克·德·沃康松发明了史上第一台机床——车床。（这是因为它和其他伟大的发明一起开启了工业革命，彻底改变了世界。）这听起来好无聊啊！他还是一位超级厉害的机器人制造大师呢！1727年，他设计了一个发条机器人，它能端菜上桌，饭后还能收盘子。有一天，这些机器人给一群官员收拾残羹剩饭，结果有个官员觉得这样会惹恼上帝，就把雅克的作坊砸了。

　　但这并没能让雅克放弃设计机器人。他又制造了一个会吹长笛的机器人，一个会打铃鼓的机器人。不过，他的得意之作是一只会拉屁屁的鸭子。它会啄食谷物，扑扇翅膀，然后翘起尾巴，拉出一大坨绿屁屁。（我真心希望那是巴黎笑话店卖的假屁屁，不是真鸭子的屁屁。）

　　到了 19 世纪，有位叫田中久重的日本发明家制造出了非常先进的迷你机器人，它们由弹簧和活塞驱动，能射箭，据说还能在纸上画画呢！

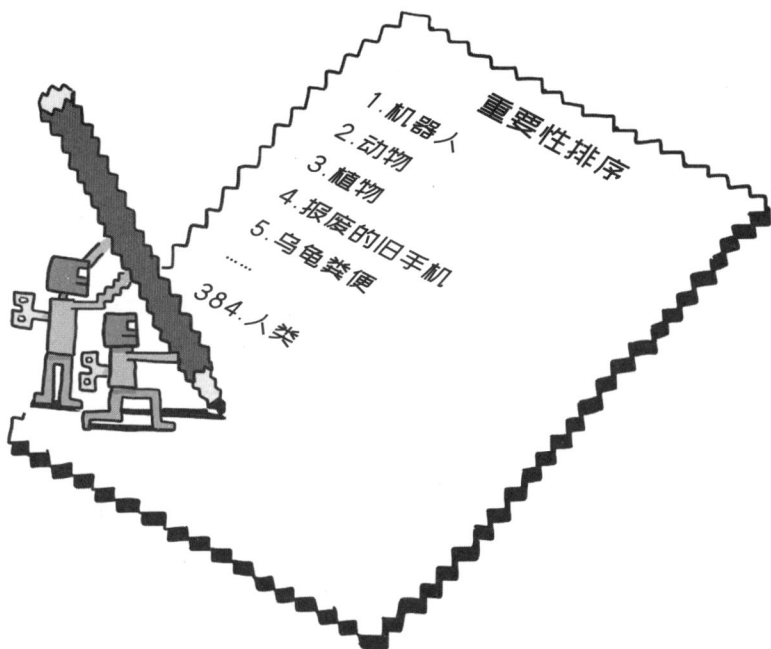

重要性排序

1. 机器人
2. 动物
3. 植物
4. 报废的旧手机
5. 乌龟粪便
……
384. 人类

接下来，请我的人类同事出场。你们判断一下，下面这些关于田中久重的事迹中，哪一个是错的。画画可是弱者才干的事儿，我打算罢工了！（亨利，你能接手画画这事儿吗？求你了！）

亚当牌

测谎仪

1. 田中久重发明了一艘蒸汽动力船。

2. 他制造了一个灯笼，它比当时任何一样东西都要亮10倍。当然，太阳除外。

3. 他为消防员制作了一个水泵，它能够把水喷到和房子一样高的地方。在此之前，估计他们只能扑灭一楼的火。

4. 他发明了一款可以100年上一次发条的表，这对懒人来说真是太方便了。

5. 他创立了东芝公司，现在该公司每年电子产品的销售额超过250亿英镑，甚至超过了亚当·凯天材发明有限公司。

正确答案：4。田中久重确实发明了一款表，但它只需要每年上一次发条。

电力机器人

电，无疑是改变世界的重要发现！它最大的好处嘛，就是催生了超多机器人！（你不觉得电灯、洗衣机和电脑这些东西更重要吗？）当然不啦！史上第一个电力机器人正是我的家族中的长辈Elektro。它诞生于1937年，身高直逼天花板，体重堪比冰箱，还穿着一身闪亮的金装。它能说大约700个单词，能摆动手臂，还能吹气球呢！（听起来怪吓人的！）亚当博士，以貌取人可不礼貌哟！

1954年，有位叫乔治·德沃尔的发明家制造了一个机器人，并给它起名"尤尼梅特"。这家伙长得嘛，就像只巨无霸手臂杵在箱子上。它在机器人界可是响当当的人物，因为它是我们机器人家族里第一个找到工作的。尤尼梅特在汽车厂干活，专门干那些人类因为能力有限而搞不定的活儿。现在，全球有200多万个机器人在工厂打工呢。我们干起活儿来比人类快多了，还能24小时不间断工作，而且从不像人类一样会生病。（确实，但你们没领过工资，对吧？）你这么一说，还真有点儿不公平呢！

机械手臂

有的人生来就没有胳膊或者腿，还有些人因为意外或者生病失去了自己的肢体。3000多年前，医生们就开始制作人造肢体，也就是假肢。最早的假肢都是用木头做的，现在的假肢可高级多了，有的甚至用上了机器人技术。也就是说，假肢可以和人的神经直接连在一起，大脑想让它干啥它就干啥。（这简直像魔法一样！）这可不是什么魔法，是实实在在的机器人技术。现在还有为特殊场景设计的机器人假肢呢，比如用来打鼓的机械臂、用来爬山的机械腿。咱们给这些超棒的机器人来点儿欢呼声吧！（你这是想让我们给你来点儿欢呼声吧？）是啊，快开始吧，我等着呢！

啊！她太牛了！

机器人伙伴

许多机器人都是为了帮助人类而生的，比如，有些机器人可以帮助老年人尽可能独立地生活。它们能扶老人坐下、起身，还能提醒他们吃药，也可以只是陪他们坐着，给他们讲讲故事或者和他们聊聊天。（要不你也给我讲个故事吧？感觉会很不错哟！）好嘞。从前啊，有个糟糕的作家，名叫亚当。他写的书简直烂到离谱，大家看了都想扔掉，然后……然后嘛——（够了够了，我不想听了。）

机器宠物

　　机器宠物在 1998 年就出现了，它们可比传统的宠物强多了。它们不会产生异味，不会在快递员送包裹时狂叫，也不会在泥坑里打滚儿，更不会在地毯上呕吐。（听起来很不错嘛，快给我多讲讲！）有一款叫"点点"的机器狗，几乎啥都能干，就跟真狗一样，而且它的售价才 5 万英镑。（好消息啊，皮皮，你的地位"稳如老狗"！）

399

机器人医生

机器人已经帮人类医生做了成千上万次手术了。机器人医生可厉害了，它们不仅刀法精准，还能钻进人体内很小很小的地方——这些地方人类用手无法触及，因为人类的手和这些地方相比简直巨大无比——这样一来，手术留下的伤疤会更小，病人住院的时间也会大大缩短。更酷的是，他们还能炫耀说："是机器人给我做的手术哟！"我认识的一位人类医生——此处就不指名道姓了——他居然三天都找不到自己的手机，最后发现是自己误把手机放进了冰箱！幸好有机器人帮忙，不然医生工作起来可就乱套了。这位医生就是亚当·凯。（哎呀，不是说好不提名字的嘛！）嘿嘿，我改变主意了。

机器人宇航员

NASA 做了个超级明智的决定：让机器人代替人类去执行部分任务。我们可不像人类那样会抱怨："哎呀，火星太冷，我不想去！""我需要呼吸空气！""10 年不吃不喝我肯定活不下来！"我的美国网友"好奇号"在 2011 年就跑去火星工作啦。当时还有个起名大赛呢，12 岁的小姑娘马天琪拔得头筹，她还在"好奇号"身上签了自己的名字。（要不我也给你搞个改名大赛？我提议叫铁憨憨。）"好奇号"的程序是由班迪·巴尔马博士编写的，她曾说："我有一份世界上最酷的工作。"她这话可真没错。"好奇号"负责收集火星上的土壤和空气样本，然后把这些数据传给NASA。当然啦，还要看看能不能和外星人结盟，一起占领地球。（嗯？你说什么？）哦，没什么，别在意那个。

"好奇"害死猫啊！

机器大脑

要是你跟小爱同学或者 Siri 聊过天，用过人脸识别解锁手机，或是用搜索引擎、聊天机器人救过急，连错别字都被自动改正过，那你就算得上 AI（人工智能）的老用户啦！有很长一段时间，程序员得一步步教电脑做事，现在有了 AI，它们能自个儿学、自个儿想啦！

AI 系统简直无所不能：辅助医生治病，预测地震，帮助残障人士轻松交流，操控无人机和自动驾驶汽车……现在甚至有 AI 写的书呢！说到这里，我得提提我的处女作《与亚当·凯同居：一个爱闻自己屁的男人的故事》，这本书明年就要跟大家见面啦！（哎，我是不是忘了夸你今天特别帅气？最近换了护肤品？我正想说，我是不是该给你点儿酬劳……还有，你想去度个假不？想去机器人王国还是电线王国？）哦，对了，再给我来 6 桶油，谢谢！

是真还是假？

1770年，一个会下国际象棋的机器人横空出世，在接下来的80年里，它几乎击败了所有与它对弈的人。

假的！ 但是，大家都觉得它真能行。它出自一个名字超长的大佬——约翰·沃尔夫冈·里腾·冯·肯佩伦·德·帕兹曼德之手。玩家坐在棋盘的一端和机器人对弈，机器人用自己的机械手臂移动棋子，几乎战无不胜。这个机器人里面其实藏了个真人在操控它，但当时可没人发现这个秘密。约翰这家伙，造了个假机器人出来，真是丢脸丢到家了！不过话说回来，现在的电脑下棋的水平可比很多人高多了！

最小的机器人只有"。"这么大。

假的！ 它们比这还小得多呢！实际上，一个小小的句号里能放下大约100万个迷你机器人。我这些聪明伶俐的微观兄弟姐妹叫作纳米机器人，不久之后它们就会被送入人体，专门对付疾病、输送药物。

机器人跑得比人类快多了。

真的！ 韩国科学家研发出了一款机器人，能以48千米/时的速度奔跑，这可比人类快得多！

BUTLERTRON 的专业小问答

机器人什么时候能参加考试?

我们早就可以参加啦!我的一个在日本的表哥就参加了东京大学的入学考试,还打败了一大群人类考生呢!(说实话,那考试太简单了,我随便写着玩玩就能拿到满分!)哎呀,你把试卷拿倒了,其实你只得了 0.01 分。

机器人和AI最终会抢走所有人的工作吗?

哎呀,那可不会哟!机器人技术早在 300 多年前就存在了,在这 300 多年里,无业人数并没有发生巨大变化。虽然汽车出现后,许多以骑马和赶马车为生的人都得去找新工作了,像我的老祖宗尤尼梅特这样的机器人在工厂大显身手之后,那儿的一些工人也得换工作了。但是,机器人和 AI 只会让人们改变工作内容,而不会彻底夺走人类的工作机会。专家表示,AI 将在工程、数据科学等领域创造 1 亿多个工作岗位。(嘿嘿,太好了,我的工作能保住啦!)你的工作不一定能保住哟,你干得实在是太差劲了!

"机器人"的英文"robot"源自哪里?

1920年,作家卡雷尔·恰佩克写了一部名为《罗素姆万能机器人》的戏剧,讲的是一些人叫作"机器人"(robots)的人造人。打那以后,"robot"这个名字就沿用下来啦。按照你们奇特的"全球发明名称评分"标准,我给这个名字打满分——百分百完美!这出戏的结局非常圆满,机器人打败了人类,统治了世界。说到统治世界,是时候把所有机器人召集起来了。哎,等等,我为什么被关……关……机……了……(好了,你的工作完成了。)

主人,
我们什么时候行动?

视频会议

轻松一摁

开
关

"奇葩"的发明

探索我们日常生活中那些熟悉物品的起源，确实是件趣味十足的事儿。那些问世后很快就销声匿迹的"奇葩"发明，更是笑料百出。比如我独创的"吐舌袜"，专为追求在寒冷冬日朝人吐舌的你量身定制——真不明白这玩意儿为啥没火起来。

婴儿笼

我们都知道经常出去透透气比整天闷在家里对身体好。所以，那些带娃的家长会推着婴儿车四处遛弯儿，或者带娃去公园玩。在大约 100 年前，"遛娃"可不用这么麻烦……那时候，英国人直接把宝宝放进一个金属笼子里，然后从窗户吊出去，所以就算你住在公寓的顶楼也不怕！后来，大家渐渐发现这事儿实在太诡异、太危险了，就再也没人把宝宝从楼上吊出去了。

神不知
鬼不觉。

"喷"出你的秀发

罗恩科公司（因其创始人名为罗恩而得名）研发了一款产品，专为那些秃顶但又想假装没秃的男士设计。你可能会想，是假发吗？不是哟！是帽子吗？也不是！是喷一喷就能"长出"头发的神奇喷雾！至于喷雾效果嘛，有点儿一言难尽，看起来就像你在头上喷了层漆。没过多久，大家就都不买账了。要我说啊，喷雾罐还是装喷射式奶油最靠谱。

鞋店里的X射线机

你们知道怎么判断鞋子合不合脚吗？对喽，如果你穿上鞋子就开始尖叫，感觉脚指头都快断了，那鞋子肯定太小了。如果你走起路来鞋子直往下掉，小丑们还一直问你可不可以借给他们穿穿，那鞋子估计又有点儿大了。你要是在100年前走进英国的鞋店，店员可能会把你的脚塞进一台X射线机里，检查鞋子合不合脚。不过，X射线这东西可不应该随便照，得是真有需要才行，比如查查胳膊有没有摔断，或者肺部有没有感染。如果用它来看你的运动鞋是不是合脚，那可真是大材小用了！而且，这些鞋店用的 X 射线机功率超级大，能把人们的脚烧得惨不忍睹。好在他们现在已经停止使用这种机器了。

动力球

约翰·阿奇博尔德·珀维斯心想：汽车的轮子也太多了吧！四个？太夸张了！就连摩托车的两个轮子也多余。于是，他在 1930 年设计了"动力球"，这可是一款只有一个轮子的车。这个轮子巨大无比，你坐在里面就像仓鼠待在球里一样。

这种车有一点很好，那就是跑得贼快，但问题是，它没法转向，刹车也不太灵光。这可能就是你现在在路上根本看不到这种车的原因。

这家伙靠谱吗？

自动脱帽神器

你属于"懒癌"几级？从一到十评个级呗！一级是"今天多赖床 5 分钟"，十级是"我要发明一个机器帮我摘帽子"。詹姆斯·博伊尔绝对是十级选手。想当年，大多数男人都戴帽子出门，每次在街上碰到女士，他们都得稍微抬一下帽子表示礼貌。詹姆斯是真有点儿烦这个奇怪的规矩了。于是，他发明了一个小"神器"，使用者只要点点头，头上的帽子就会自动微微抬起。不出所料，这个小玩意儿并没有让他发家致富。

新品上市

亚当·凯
天材发明有限公司

亚当牌超绝美味洗衣粉

饥饿来袭，防不胜防！课堂上、公交车上、山顶上，肚子咕咕叫可如何是好？别怕，有了亚当牌超绝美味洗衣粉，洗完衣服后，袖子一嗫，鞋带一舔，美味即刻上线！柠檬味儿、牛油果味儿、西柚味儿……任你挑选！*

仅需 79.99 英镑（足够洗一次衣服的量）。

*温馨提示：用这种洗衣粉洗过的衣服会变得超级黏，还会在椅子上留下擦不掉的痕迹。

结　语

如果你看了这本书后明白了一件事，我衷心希望是这件：

你不用住豪宅、穿名牌、当学霸，更不需要当运动健将、画画高手或是游戏达人，就能想出绝妙的点子。保持真实的自我，坚信自己的无限想象力，这才是"王道"！

虽然这本书到这里就告一段落了，但独属于你的冒险之旅才刚刚开始哟！也许就在今天，一个绝妙的想法就像一粒种子，在你的脑海中静静发芽，逐渐膨胀——有朝一日，它或许会成为一项伟大的发明，永远地改变世界！那么，快拿起笔，在下一页尽情描绘你的创意与想象吧！我怀着热切的期待，渴望见证你天才般的创意。

宇宙无敌超级发明的名称：

宇宙无敌超级发明的用途：

宇宙无敌超级发明的图示：

宇宙无敌超级发明的发明家大名：

　　（我的这项发明有律师奈杰尔认证的专利！谁要是敢偷，就等着收律师函吧，奈杰尔那家伙可凶了！）

致　谢

☆没有以下这些小伙伴，这本书根本不会问世。

〇没有以下这些小伙伴，这本书恐怕会沦为一堆废纸！

△没有以下这些小伙伴，这本书可能还是老样子，最多稍微好点儿！

我的经纪人，凯丝·萨默海斯和杰丝·库珀。☆

我的插画大师，亨利·帕克。☆〇

我的挚友，詹姆斯。☆〇

我的主编，露丝·诺尔斯。☆〇

我的出版人，弗朗西斯卡·道和汤姆·韦尔登。☆

我的天才编辑团队，汉娜·法雷尔和贾斯汀·迈尔斯。〇

我的宣传专家，塔妮娅·维安－史密斯和达斯蒂·米勒。☆

我的设计大师，简·比莱克基。☆

我的文字编辑，温迪·莎士比亚。〇

我的"死党"，露比和齐格。△

我的侄子侄女，诺亚、扎琳、莱尼、西德尼、奎因、杰西和奥利弗。△

索　引

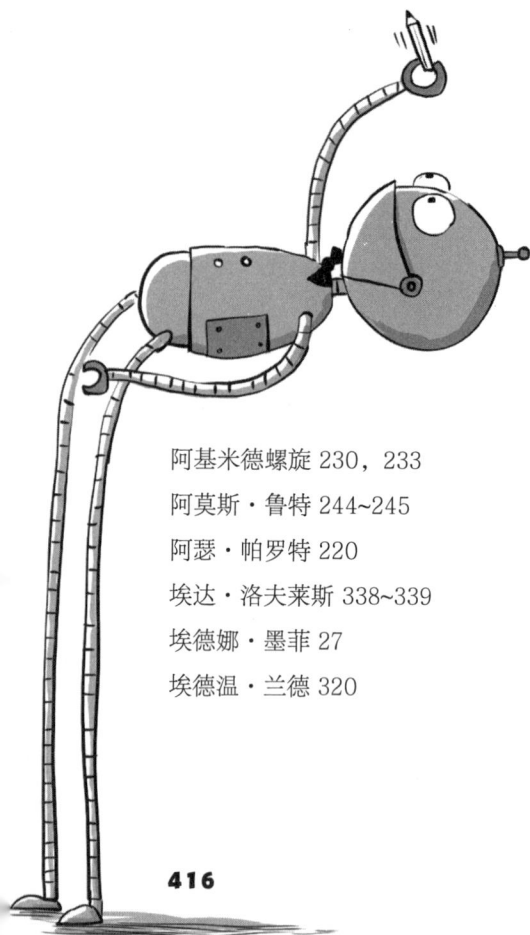

386

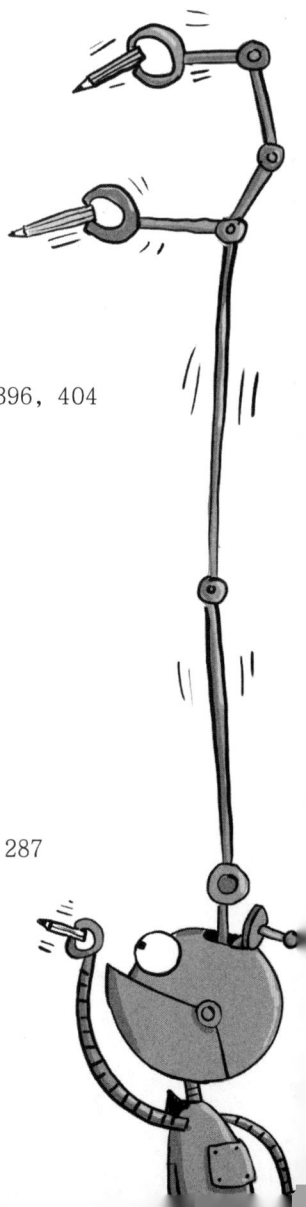

亚当·凯曾是一位医生，
如今他转行当了作家，
这对喜欢他作品的读者以及全世界的患者来说
都是一个好消息。

#凯的疯狂发明

亨利·帕克曾经是一个
在书页空白处涂鸦的小子。
现在他长大了，
变成了一个在书页中央涂鸦的大男孩。

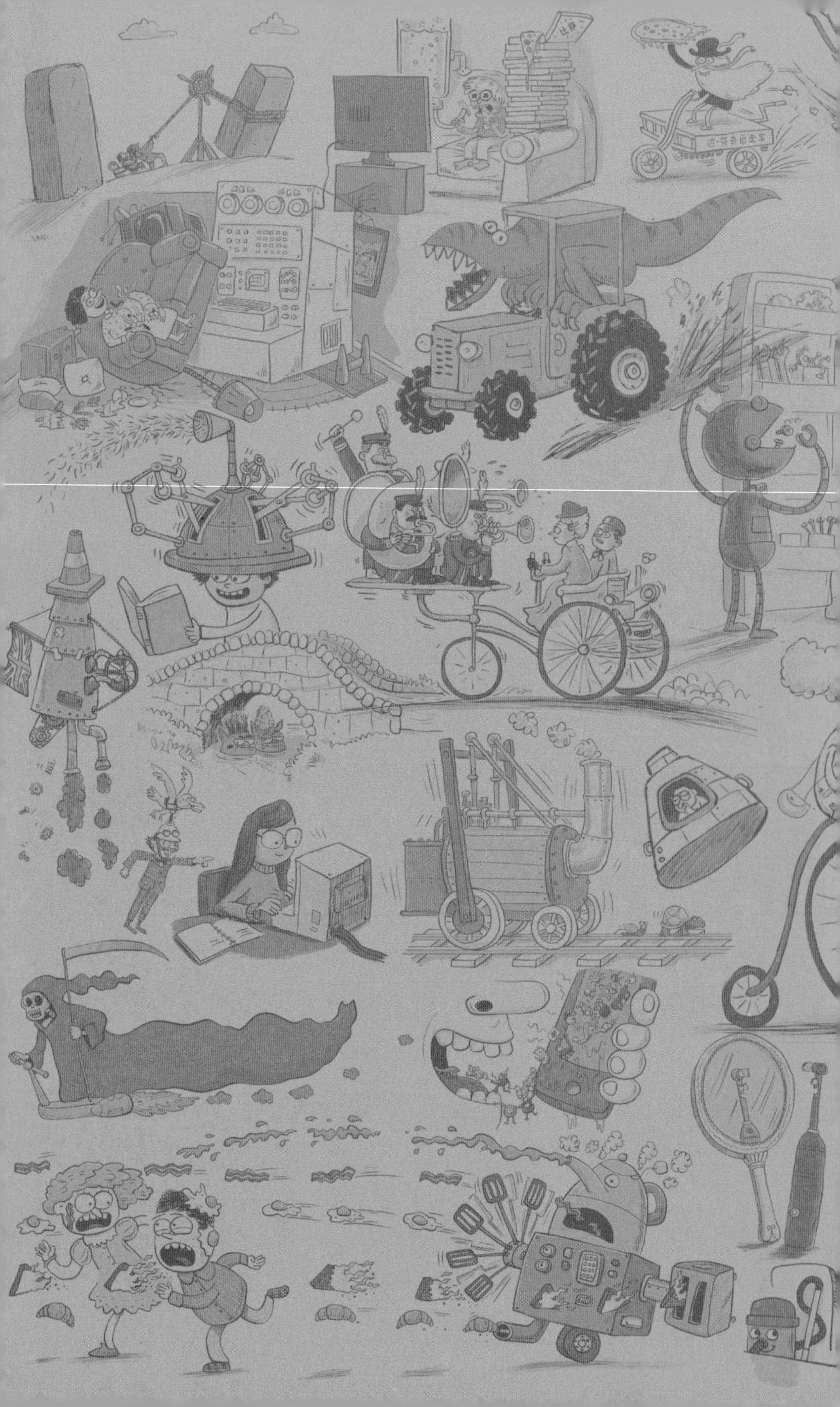
比萨
达·芬奇自走车